Veröffentlichungen des Königlich Preußischen Meteorologischen Instituts

Herausgegeben durch dessen Direktor

G. Hellmann

Nr. 238

Abhandlungen Bd. IV. Nr. 4.

Meteorologisch-optische Erscheinungen

beobachtet von

Holzhueter in Hoppendorf (Westpreußen)

bearbeitet von

C. Kaßner

Mit sechszehn Figuren

1911

Springer-Verlag Berlin Heidelberg GmbH

Preis 3.50 ℳ

Veröffentlichungen des Königlich Preussischen Meteorologischen Instituts

Herausgegeben durch dessen Direktor

G. Hellmann

Nr. 338

Abhandlungen Bd. IV, Nr. 4

Meteorologisch-optische Tabellen

ISBN 978-3-662-23291-0 ISBN 978-3-662-25324-3 (eBook)
DOI 10.1007/978-3-662-25324-3

Inhaltsverzeichnis.

	Seite
Einleitung	5
I. Häufigkeit und jährlicher Gang der Sonnenringe	6
II. Täglicher Gang der Sonnenringe	13
III. Sonnenringe und Wetter	17
IV. Nebensonnen	24
V. Regenbogen	30
VI. Besondere Erscheinungen	38

Einleitung.

Am 20. Februar 1661 beobachtete der große Danziger Astronom Hevelius eines der schönsten Halophänomene, und 236 Jahre später begann nur 28 km südwestlich von Danzig der Chausseeaufseher Holzhueter in dem Dorfe Hoppendorf aus eigenem Antriebe nach optischen Erscheinungen am Himmel auszuschauen.

Seine erste Aufzeichnung datiert vom 14. November 1897; jedoch werden die Notizen erst in der zweiten Hälfte des Jahres 1898 so regelmäßig und ausführlich, daß vom Anfang 1899 an die Bearbeitung lohnend zu werden versprach. Leider mußte er die Beobachtungen schon zu Beginn des Jahres 1907 infolge Verlustes eines Auges wieder einstellen. Obwohl mithin nur für acht Jahre Beobachtungen vorliegen, sind sie doch so sorgfältig und zahlreich angestellt worden, daß die Endergebnisse genügend gesichert erscheinen; wo es nicht der Fall ist, wird ein entsprechender Hinweis gegeben werden.

Hoppendorf liegt in 210 m Seehöhe an der Ostseite des 331 m hohen Turmberges im Kreise Karthaus; seine geographischen Koordinaten sind $\varphi = 54^0 15'$ und $\lambda = 18^0 14'$ E. v. Gr.

Infolge seines Berufes als Chausseeaufseher war Holzhueter tagsüber meist im Freien und deshalb schon für Wind und Wetter interessiert; er unterrichtete sich außerdem aus Büchern, die er vom Preußischen Meteorologischen Institut geliehen hatte, über die einschlägigen Fragen. Das Interesse an den optischen Erscheinungen veranlaßte ihn naturgemäß, auch spät abends danach auszuspähen. Da er jedoch die meisten Beobachtungen selbst ausführte und nur gelegentlich von seiner Frau vertreten wurde — Krankheit, Reisen usw. haben ihn in den acht Jahren niemals längere Zeit hindurch gehindert — so wird es verständlich, daß sich wegen seiner notwendigen Ruhezeit die Aufzeichnungen von Ringerscheinungen beim Monde nicht über die ganze Nacht erstreckten, sondern auf die Abend- und Morgenstunden beschränkten. Ich habe sie daher ebensowenig wie die Notierungen von Sonnenhöfen, die recht selten erfolgten, bearbeitet. Als sehr sorgfältig erwiesen sich aber die Beobachtungen von Sonnenringen und Nebensonnen sowie von Regenbogen, die deshalb einer eingehenden Untersuchung unterzogen wurden.

Außerdem sollen hier noch Erscheinungen besonderer Art besprochen werden, die von Holzhueter nicht nur in ausführlichen Berichten geschildert, sondern auch durch Zeichnungen wiedergegeben wurden. Diese Figuren sowie die ihnen eingeschriebenen Zeichnungen waren ohne weiteres nicht verständlich; erst Rückfragen an den Beobachter gaben einen eigentümlichen Aufschluß. Nebensonnen über oder unter der Sonne wurden als nördlich oder südlich durch N oder S, die Nebensonne links von der Sonne als östlich durch E, die rechts als westlich durch W notiert. Wollte der Beobachter aber solche Erscheinungen zeichnen, so dachte er sich selbst in die Zeichenebene versetzt und mit dem Gesicht nach der Sonne gewandt; was er dann links oder rechts von der Sonne sieht, zeichnet er dorthin, wo sein linker oder rechter Arm ist, sodaß es beim Beschauen der Zeichnung rechts oder links vom Sonnenbild erscheint. Man kann sich diese Manier der Darstellung auch als Projektion so vorstellen, daß man vor das Auge eine Glasscheibe hält, auf ihrer dem Beobachter abgewandten, der Sonne also zugewandten Seite die Zeichnung aufträgt und diese dann nach Umdrehen der Scheibe betrachtet. Entsprechend wird die Richtung rechts oben in der Natur als NW bezeichnet und in der Zeichnung links oben aufgetragen, die Richtung links unten als SE rechts unten usw. Wie der Beobachter zu dieser Bezeichnungsweise gekommen ist, konnte nicht ermittelt werden; vielleicht ging er unbewußt von der Orientierung der geographischen Wandkarten aus, bei denen ja auch N oben und E rechts ist. Die Anfrage, ob er vielleicht linkshändig sei, verneinte er und erklärte nur, daß er die Richtungen „stets von der Sonne aus gerechnet" habe. Ferner hat sich gezeigt, daß er Radius und Peripherie beim Kreise verwechselte. Nachstehend sind alle Angaben in die übliche Bezeichnungsweise übersetzt worden. Eigentümlicherweise zeichnete Hevelius das Danziger Phänomen vom 20. Februar 1663 ebenfalls so, daß Osten rechts und Westen links lag; dagegen ist die Gegensonne vom 6. September 1663 wieder richtig (Ost links). Sieberg hat auch bei dem Phänomen vom 4. September 1900 Ost rechts, West links gezeichnet, gewissermaßen von einem Standpunkt außerhalb der Himmelskugel.

Lücken in der Beobachtungsreihe umfaßten jährlich etwa zehn Tage, an denen die dem Beobachter unterstellten Chausseestrecken revidiert wurden. Sie verteilen sich aber über das Jahr so, daß man sie jetzt dem Datum nach nicht mehr feststellen kann; sie dürften auch kaum einen nennenswerten Einfluß auf das Resultat haben.

Alle Zeitangaben beziehen sich auf Ortszeit, die der Einheitszeit 13 Minuten vorausgeht.

Außerdem sei vorausgeschickt, daß gleichartige Werte in den verschiedenen Tabellen der nachstehenden Untersuchung nicht immer übereinstimmen, weil je nach der mehr oder weniger genauen Notierung manche Beobachtungen für die eine Tabelle noch brauchbar waren, während sie bei anderen ausgeschlossen werden mußten.

I. Häufigkeit und jährlicher Gang der Sonnenringe.

Unter Sonnenring wird im Folgenden stets ein Halo von 22° verstanden.

Zunächst ergibt sich aus Tabelle 1, daß Sonnenringe in Hoppendorf durchschnittlich jährlich an 107 Tagen beobachtet wurden. Daß diese Zahl 107 nicht zu hoch ist und daher als zuverlässig angesehen werden kann, dürfte aus folgenden Überlegungen hervorgehen. Ekama hat für Holland in der Periode 1892—1901 jährlich 169 Tage mit Halos von 22° gefunden[1]); man kann nun nach den Erfahrungen an andern Orten annehmen, daß nur ein Drittel bis ein Viertel soviel Mondringe wie Sonnenringe beobachtet werden; das gibt für Holland 110—130

---

[1]) Pernter-Exner, Meteorologische Optik. S. 274. Für Upsala fand G. Hellmann (Meteorologische Zeitschrift 1893, S. 416) nur etwa 70 jährlich.

Sonnenringe, also noch mehr als obige Zahl von Hoppendorf. An letzterem Orte sind überdies auch noch viel Mondringe notiert, so daß eine Verwechslung ausgeschlossen ist. Desgleichen unterscheidet Holzhueter genau zwischen Sonnenringen und Sonnenhöfen. Wenn ferner an manchen andern Orten weniger Sonnenringe festgestellt wurden als in Hoppendorf, so können auch die Augen des Beobachters, die bei Holzhueter, wie auch aus andern Gründen zu schließen ist, vorzüglich gewesen sein müssen, in Frage kommen; ich hatte z. B. früher einen jungen

Tabelle 1. Zahl der Tage mit Sonnenringen.

	1899	1900	1901	1902	1903	1904	1905	1906	Summe	im Jahr
Januar	4	1	2	5	3	5	4	6	30	3.8
Februar	12	9	7	6	8	8	10	7	67	8.4
März	12	12	11	9	8	12	7	14	85	10.6
April	20	7	8	10	11	18	7	13	94	11.8
Mai	16	6	15	13	9	17	17	13	106	13.2
Juni	14	11	10	11	10	6	14	6	82	10.2
Juli	12	8	11	11	16	11	8	15	92	11.5
August	12	8	10	15	7	13	8	12	85	10.6
September	11	8	9	4	5	11	11	15	74	9.2
Oktober	10	9	7	6	7	6	11	13	69	8.6
November	5	3	3	4	6	4	5	13	43	5.4
Dezember	6	3	4	—	3	2	—	12	30	3.8
Summe	134	85	97	94	93	113	102	139	857	107.1
Sommer-Halbjahr	85	48	63	64	58	76	65	74	533	66.5
Winter-Halbjahr	49	37	34	30	35	37	37	65	324	40.6

Kollegen, der selbst die intensivsten irisierenden Wolken nicht wahrnahm und ein anderer war rotblind. Es wäre sehr wünschenswert, wenn wenigstens an Observatorien die Augen der Beobachter auf Farbenempfindlichkeit geprüft würden, da davon in gewissem Grade der gute Ruf der Observatorien abhängen kann.

Es könnte ferner eingewendet werden, daß die Zahl der Tage mit Sonnenringen denen mit oberen Wolken (Cirrus und Cirrostratus) nicht entspreche, somit die Möglichkeit zur Bildung von Sonnenringen nicht in vollem Maße vorhanden sei. Ich habe deshalb für Neustettin und Königsberg i. Pr., für welche Orte sorgfältige Aufzeichnungen über Cirren vorliegen und zwischen denen Hoppendorf liegt, für mehrere Jahre die Tage mit Cirren ausgezählt und Jahressummen von 90—110, meist aber von 100—110 erhalten; da hier der für Sonnenringe besonders günstige Cirrostratusschleier nicht mitgezählt war, so kann hieraus also kein Einwand erhoben werden.

Aus der Nähe von Hoppendorf liegen ferner ausführliche Wolkenbeobachtungen nur aus früheren Jahren vor, nämlich die von Kayser in Danzig[1]) für 1896 und 1897. Da von Januar 1897 an größere Lücken sind, habe ich nur für Mai bis Dezember 1896 die Zahl der Tage mit Cirrus oder Cirrostratus ausgezählt und insgesamt 97 gefunden; für das ganze Jahr kann man also etwa 120 Tage ansetzen, während in Hoppendorf in den acht Monaten durchschnittlich nur an 72 Tagen und bloß 1906 an 99 Tagen Sonnenringe beobachtet wurden.

---

[1]) Die Kayserschen Wolkenhöhen-Messungen der Jahre 1896 und 1897. Bearbeitet von Mathesius. Schriften der Naturforschenden Gesellschaft in Danzig. N. F. XII. Band, 1. Heft. Danzig 1907.

Man muß auch bedenken, daß es sich durchaus nicht immer um ganz ausgebildete Sonnenringe handelte, sondern vielfach ist nur ein Stück davon gesehen worden.

Ich habe ferner noch für Potsdam, wo zweistündliche Beobachtungen angestellt werden, dieselben Monate nach Tagen mit Cirrus oder Cirrostratus durchsucht und deren insgesamt nur 78 gefunden. Auch dieser Unterschied, der sich nicht bloß im Mittel, sondern in fast allen Monaten zeigt, weist darauf hin, daß für Halobeobachtungen die Danzig-Hoppendorfer Gegend sehr begünstigt ist. Der Grund, wodurch Hoppendorf entschieden einen Vorzug vor vielen andern Beobachtungsorten genießt, ist nämlich seine Lage an der Nordostseite des 121 m höheren und 8 km entfernten Turmberges. Dadurch befindet sich der Ort bei den hier vorherrschenden West- und Südwestwinden vorwiegend im Lee und damit in trockener Gegend mit geringer Bewölkung. Denn während Berent, das ebenso weit vom Turmberg, aber im Luv liegt, eine mittlere Bewölkung von 6.5 und Potsdam von 6.4 hat, ergibt sich für Hoppendorf nur 6.1, also fast eine halbe Stufe niedriger. Im April 1899 wurde in Hoppendorf die größte Zahl von Tagen mit Sonnenringen, nämlich 20, festgestellt, und damals war das Bewölkungsmittel dort nur 5.8 gegen 6.8 in Berent; in Hoppendorf gab es 3 heitere und nur 6 trübe Tage, in Berent aber nur 1 heiteren und 11 trübe Tage. Im Juni 1903 wehten viel Nord-, aber wenig Westwinde, daher lag Hoppendorf mehr im Luv und hatte weniger Sonnenringtage als im Juli, wo es bei vorwiegenden Westwinden im Lee lag. Der Einfluß des doch nur mäßig hohen Turmberges macht sich also in erheblichem Maße geltend. Gerade die niedrigen Wolken, die anderwärts die hohen, halobildenden verdecken, sind in Hoppendorf seltener, weil sie sich schon gleich hinter dem Turmberg und vor Hoppendorf auflösen.

Aus allen diesen und später zu erwähnenden Gründen, glaube ich, kann man den Aufzeichnungen Holzhueters Vertrauen entgegenbringen.

Der Gang der Anzahl der Sonnenringtage von Jahr zu Jahr entspricht insofern der mittleren Bewölkung sehr gut, als alle Maxima und Minima bei beiden gleichzeitig und auch gleichwertig auftreten, vorausgesetzt daß man bei dem Gang der Bewölkung die Ordinaten entgegengesetzt denen der Sonnenringtage aufträgt. Eine vollkommene Übereinstimmung braucht aber nicht zu herrschen, da ja die Möglichkeit zur Bildung der Halos an sich nicht von der Größe der Bewölkung abhängt, sondern nur von dem Vorhandensein hoher Wolken. So hat z. B. der September 1903 nur 5 Sonnenringtage, obwohl seine mittlere Bewölkung bis auf 3.3 herabging; ausschlaggebend war eben der Umstand, daß der Monat nicht weniger als 12 heitere Tage, mithin sehr geringe Bewölkung hatte, wodurch für Halobildung sehr wenig Gelegenheit war.

In allen Jahren hatte der Sommer weit mehr Sonnenringtage als der Winter, besonders 1902 und 1904; am geringsten war der Unterschied im Jahre 1906, weil damals die 6 Wintermonate die geringste Zahl trüber Tage hatten und sich somit mehr Gelegenheit zu Beobachtungen der höheren Wolken und der Halos bot als sonst.

Faßt man alle 8 Jahre zusammen und leitet daraus den jährlichen Gang ab, wie er in Tabelle 1 und Fig. 1 enthalten ist, so zeigt sich zunächst ein Hauptmaximum im Mai und ein sekundäres im Juli, ferner ein primäres Minimum im Dezember und Januar und ein sekundäres im Juni. Fast ganz entsprechend findet man bei der mittleren Bewölkung Minima im Mai und Juli und Maxima im Dezember und Juni. Die Zahl der heiteren, trüben und gemischten Tage zeigt im großen Ganzen zwar auch diese Züge, aber doch auch manche Besonderheiten, namentlich wegen der sehr trüben Wintermonate des Jahres 1900, in denen insgesamt nur ein heiterer Tag, aber nicht weniger als 108 trübe Tage vorgekommen sind. Ebenso ist das sekundäre Halominimum im Juni auf die gegen Mai und Juli etwas verringerte Zahl heiterer und die merklich vergrößerte Zahl trüber Tage zurückzuführen. Erst eine weit längere Beobachtungsreihe würde wohl einen Ausgleich für den all zu starken Einfluß extremer Witterungsverhältnisse bewirken.

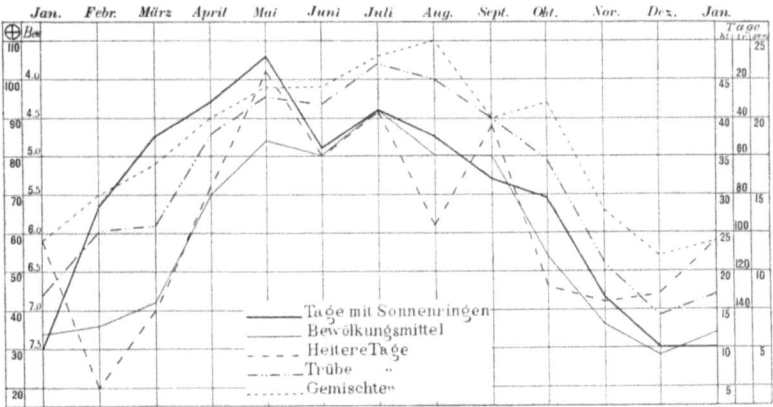

Fig. 1. Jährlicher Gang.

In Klaußen in Ostpreußen (Kreis Lyck) hat der Landwirt Vogt 60 Jahre hindurch eine Station höherer Ordnung verwaltet und dabei auch die optischen Erscheinungen am Himmel notiert; es sind jedoch hiervon nur die 20 Jahre 1846—1860 und 1876—1880 einigermaßen brauchbar, da für die übrigen Jahre all zu wenige Beobachtungen vorliegen.

In den vorgenannten Jahren sind insgesamt Tage mit Sonnenringen notiert:

Jan.	Febr.	März	April	Mai	Juni	Juli	Aug.	Sept.	Okt.	Nov.	Dez.	Jahr
11	20	35	30	49	22	22	15	15	22	11	16	268

Er hat durchschnittlich 12—14 Sonnenringtage im Jahre, also recht wenig. Immerhin ergeben auch sie ein Maximum für den Mai und ein Minimum für den Winter; außerdem aber sind die Zahlen für Juni und Juli einander gleich und noch nicht halb so groß als die vom Mai, so daß auch hier im Juni ein sekundäres Minimum angedeutet ist wie bei Hoppendorf. Es scheint also reell zu sein, wenigstens in Nordost-Deutschland.

Ich habe noch aus den im Preußischen Meteorologischen Institut vorhandenen Originalaufzeichnungen von Fr. Katzer in Hannover (1895—1907, doch fehlten meist Juli und August) und des Privatier Göbel zu Niesky in der Oberlausitz (1899—1901) die nachstehenden Werte abgeleitet und den von Sassenfeld[1]) für Potsdam (1893—1900) berechneten die Auszählungen für 1901—1904 beigefügt:

[1]) Meteorologische Zeitschrift 1903, 519.

Tabelle 2. Mittlere jährliche Zahl der Tage mit Sonnenringen.

Ort	Jan.	Febr.	März	April	Mai	Juni	Juli	Aug.	Sept.	Okt.	Nov.	Dez.	Jahr
Niesky (1899—1901)	3.0	4.0	7.0	5.7	**7.3**	5.0	**1.0**	3.7	5.7	3.7	2.3	3.0	52.4
Potsdam (1893—1904)	1.6	2.2	4.4	**5.6**	4.9	3.8	3.6	3.2	3.4	3.8	**1.5**	1.9	39.9
Hannover (1895—1907)	**1.3**	1.8	4.2	4.1	**6.0**	4.5	*2.8*	*3.8*	3.4	3.5	2.8	1.6	39.8

In Potsdam und Hannover wurden also nur an 40 Tagen, in Niesky dagegen an 52 Tagen Sonnenringe beobachtet. Legt man stets die gleiche Periode 1899—1906 zugrunde, so folgt:

Ort	Jan.	Febr.	März	April	Mai	Juni	Juli	Aug.	Sept.	Okt.	Nov.	Dez.	Jahr
Hoppendorf. .	**3.8**	8.4	10.6	11.8	**13.2**	10.2	11.5	10.6	9.2	8.6	5.4	**3.8**	107.1
Potsdam . . .	0.5	2.0	3.2	3.9	**4.1**	2.6	2.1	2.0	1.9	3.0	0.9	1.2	27.4
Hannover . .	1.9	2.0	5.1	4.5	**6.9**	4.1	*2.5*	*4.5*	3.6	3.2	2.9	**1.3**	42.5

Die niedrigen Werte für Potsdam sind nicht reell, sondern beruhen darauf, daß 1905 und 1906 aus Platzmangel nicht alle optischen Beobachtungen abgedruckt wurden. Immerhin ergibt sich aus ihnen, wie aus denen von Hoppendorf und Hannover, daß das Maximum der Sonnenringtage in Norddeutschland auf den Mai und das Minimum in den Hochwinter fällt.

Außer den Vergleichungen der Halotage mit der Bewölkung wurden solche auch mit der Sonnenscheindauer versucht, die ja in gewissen Grenzen als reziproker Wert der Bewölkung angesehen werden kann. Solche Aufzeichnungen liegen für die dortige Gegend aus dem nicht fernen Dirschau vor[1]). Hinsichtlich des Verlaufes von Jahr zu Jahr zeigt sich ziemliche Übereinstimmung, denn mit Ausnahme des Jahres 1900 tritt Steigen und Fallen beider Zahlenreihen gleichzeitig auf, aber die Beträge der Schwankungen sind bei der Sonnenscheindauer relativ etwas größer als bei den Halotagen. Bei dem jährlichen Gang ist die Übereinstimmung aber weit auffälliger, wie nachstehende Zahlen beim Vergleich mit denen der Tabelle I erkennen lassen:

Sonnenscheindauer in Dirschau (1899—1906).
(Prozente der möglichen Dauer)

Jan.	Febr.	März	April	Mai	Juni	Juli	Aug.	Sept.	Okt.	Nov.	Dez.
21	24	24	39	49	47	56	56	42	30	24	16

Wenn auch das primäre Maximum auf den Juli verschoben ist, so weist doch der Mai ein sekundäres auf, sodaß auf den Juni wieder ein Minimum kommt, weil, wie schon erörtert, in diesem Monat die Bewölkung etwas größer als vor- und nachher ist.

Die Beziehungen zwischen Sonnenringtagen und Bewölkung wurden dann noch insofern weiter untersucht, als die Monatssummen dieser Halotage (Tabelle I) nach den Monatsmitteln der Bewölkung gruppiert wurden:

Tabelle 2. Sonnenringtage nach Bewölkungsstufen.

Monatsmittel der Bewölkung		Mittlerere Anzahl der Sonnenringtagen pro Monat		
von	bis	Winter	Sommer	Jahr
3.1	4.0	—	12	12
4.1	5.0	—	11	11
5.1	6.0	8	11	10
6.1	7.0	6	12	8
7.1	8.0	8	11	8
8.1	9.0	4	—	4
9.1	10.0	(3)	—	(3)

[1]) Holzhueter hat für einige Zeit selbst Aufzeichnungen über die Sonnenscheindauer ohne Apparat, nur nach direkten Beobachtungen gemacht, die etwas größere Werte ergaben, einerseits wegen Nichtbeachtung aller Lücken, anderseits weil ein Apparat bekanntlich früh und abends zu wenig angibt.

Je größer die mittlere Bewölkung eines Monats ist, um so kleiner wird im allgemeinen die Anzahl der Halotage, wie ja zu erwarten war; indessen ist der Gang der Zahlenreihen nicht ganz stetig, da der Beobachtungszeitraum wohl noch zu kurz ist und weil, wie früher schon erläutert wurde, diese Beziehung nicht unbedingt streng bestehen muß, vor allem in Rücksicht auf die verschiedene Häufigkeit der einzelnen Wolkenformen im Laufe des Jahres.

Sehr zu berücksichtigen ist bei der Beurteilung der Monatszahlen für den jährlichen Gang die ungleiche Länge des Sonnenbogens über dem Horizont, d. h. der Tageshelle und der Monate; will man die Zahlen untereinander vergleichen, so muß man sie auf gleich viel Stunden pro Tag und auf gleich lange Monate reduzieren:

Tabelle 4. Zahl der Tage mit Sonnenringen auf gleiche Monate reduziert.

	Mittlere Zahl der Tage	Reduziert auf gleiche Monate	Mittlere Tageslänge in Stunden	Zahl der Tage in gleichen Monaten reduziert auf gleiche Tageslänge (12 St.)	wirkliche Zahl − reduzierte Zahl
Jan.	3.8	3.7	7.97	5.6	− 1.8
Febr.	8.4	9.1	9.38	11.6	− 3.2
März	10.6	10.4	11.52	10.8	− 0.2
April	11.8	11.8	13.53	10.5	+ 1.3
Mai	13.2	12.9	15.53	10.0	+ 3.2
Juni	10.2	10.2	16.66	7.3	+ 2.9
Juli	11.5	11.3	16.23	8.4	+ 3.1
August	10.6	10.4	14.52	8.6	+ 2.0
Septbr.	9.2	9.2	12.63	8.7	+ 0.5
Oktbr.	8.6	8.4	10.28	9.8	− 1.2
Novbr.	5.4	5.4	8.53	7.6	− 2.2
Dezbr.	3.8	3.7	7.22	6.2	− 2.4
Jahr	107.1	106.5	12.00	105.1	+ 2.0
Winter	40.6	40.7	9.15	51.6	−11.0
Sommer	66.5	65.8	14.85	53.5	+13.0

Die Reduktion auf gleich lange Monate ergibt, wie zu erwarten war, keine nennenswerte Veränderung des jährlichen Ganges, wohl aber die auf die gleiche Tageslänge von je 12 Stunden. Man darf freilich diesen Zahlen nicht allzu große Sicherheit beilegen, da sie ja aus nur achtjährigen Beobachtungen gewonnen sind und Einzelfälle, wie die auffallend große Häufigkeit der Sonnenringe in den Frühjahren 1899 und 1906, das Resultat stark beeinflussen. Immerhin geht jedoch aus der letzten Spalte hervor, daß, gleiche Länge des hellen Tages vorausgesetzt, die Gelegenheit zur Halobeobachtung im Winter und im Sommer nicht wesentlich verschieden ist. Ungünstig erscheint nur der Hochwinter, wo offenbar der sehr niedrige Stand der Sonne Anlaß ist, daß man Halostücken namentlich in der unteren Hälfte der Ringe seltener wahrnehmen kann.

Der jährliche Gang wurde außer durch Monatsmittel noch durch Pentaden (Tabelle 5) dargestellt, um so vielleicht Besonderheiten aufzudecken; diese Hoffnung konnte wohl gehegt werden, da es sich im ganzen um mehr als 800 über das Jahr gut verteilte Zahlen handelt, so daß auf jede der 73 Pentaden durchschnittlich 11 Sonnenringtage kommen.

Wie man schon aus den Monatswerten folgern konnte, liegen die Maxima in den ersten zwei Dritteln des Mai und in der zweiten Julihälfte, die Minima im Dezember und Januar. Auffällig ist aber, daß jedem der beiden Maxima in der dritten Pentade später ein Minimum

2*

Tabelle 5. Tage mit Sonnenringen nach Pentaden.

Januar	1.— 5.	2	April	1.— 5.	10	Juli	30.— 4.	13	Oktober	3.— 7.	14
	6.—10.	6		6.—10.	18		5.— 9.	12		8.—12.	10
	11.—15.	8		11.—15.	15		10.—14.	14		13.—17.	13
	16.—20.	5		16.—20.	18		15.—19.	21		18.—22.	10
	21.—25.	2		21.—25.	17		20.—24.	15		23.—27.	10
	26.—30.	7		26.—30.	16		25.—29.	17		28.— 1.	7
Februar	31.— 4.	5	Mai	1.—5.	23	August	30.— 3.	10	November	2.— 6.	11
	5.— 9.	10		6.—10.	15		4.— 8.	15		7.—11.	7
	10.—14.	18		11.—15.	19		9.—13.	7		12.—16.	6
	15.—19.	9		16.—20.	22		14.—18.	14		17.—21.	8
	20.—24.	9		21.—25.	12		19.—23.	19		22.—26.	6
	25.— 1.	16		26.—30.	13		24.—28.	15		27.— 1.	5
März	2.— 6.	9		31.— 4.	7		29.— 2.	14	Dezember	2.— 6.	5
	7.—11.	17	Juni	5.— 9.	15	September	3.— 7.	11		7.—11.	9
	12.—16.	13		10.—14.	15		8.—12.	13		12.—16.	5
	17.—21.	10		15.—19.	15		13.—17.	13		17.—21.	1
	22.—26.	10		20.—24.	12		18.—22.	10		22.—26.	5
	27.—31.	14		25.—29.	16		23.—27.	11		27.—31.	5
							28.— 2.	17			

folgt. Um eine Erklärung hierfür zu finden, habe ich aus denselben Jahren sowohl für den Niederschlag und die Bewölkung wie auch für die Gewitter (wegen des für Halos günstigen Cirrusschirmes) zu Hoppendorf die Pentaden berechnet und mit obigen Werten graphisch dargestellt und zwar nicht nur die unmittelbaren Beobachtungszahlen, sondern auch ihre nach der Formel $\frac{a+2b+c}{4}$ ausgeglichenen Werte, ohne aber irgend eine genauere Beziehung zu erhalten. Wohl fand sich hier und da eine Übereinstimmung, aber da die Kurven an vielen andern Stellen doch wieder entgegengesetzten Verlauf zeigten, so konnte in jener Übereinstimmung kein Beweis für irgend einen ursächlichen Zusammenhang erblickt werden.

Zur weiteren Einsicht in die Kenntnis von der Verteilung der Sonnenringtage über das Jahr wurde untersucht, an wieviel Tagen hintereinander Sonnenringe sichtbar waren. Dabei wurden Perioden, die in einem Monat begannen und im folgenden endeten, demjenigen Monat zugeschrieben, dem die meisten Tage zugehörten; fielen auf jeden Monat gleich viel **Tage**, so wurde die Periode dem zweiten Monat zugeteilt. So ergab sich:

Tabelle 6. Perioden von Sonnenringtagen.

Monat	Perioden von Tagen									Summe	Mittlere Dauer
	2	3	4	5	6	7	8	9	10		
Januar	4	—	—	—	—	—	—	—	—	4	2.0
Februar	9	3	1	—	—	—	—	—	—	13	3.0
März	10	5	1	2	—	—	—	—	—	18	2.7
April	20	3	1	2	—	—	—	—	1	27	2.7
Mai	10	9	1	4	—	1	1	—	—	26	3.3
Juni	14	3	2	2	—	—	—	—	—	21	2.6
Juli	15	2	5	1	1	—	—	—	—	24	2.8
August	16	2	1	—	—	—	—	—	—	19	2.2
September	2	5	2	1	—	—	—	—	—	10	3.2
Oktober	13	1	1	1	—	—	—	—	—	16	2.4
November	3	3	—	—	—	—	—	—	—	6	2.5
Dezember	4	3	—	—	—	—	—	—	—	7	2.4
Jahr	120	39	15	13	1	1	1	—	1	191	2.7
Sommer-Halbjahr	77	24	12	10	1	1	1	—	1	127	2.8
Winter-Halbjahr	43	15	3	3	—	—	—	—	—	64	2.5

Da diese Perioden nur dadurch zustande kommen, daß Cirren sich fortdauernd bilden können oder doch mindestens sichtbar sind, so haben sie auch eine gewisse Bedeutung für das Wetter, aber man darf diesen Wert nicht überschätzen, wie die längste Periode lehrt. Sie dauerte vom 12. bis zum 21. April 1899, und doch herrschte in dieser Zeit durchaus nicht stets das gleiche Wetter; sowohl Luftdruck wie auch Wind wechselten ständig, die ersten Tage waren regnerisch und die letzten trocken.

Während diese absolut längste Periode 10 Tage lang war, beträgt die durchschnittlich längste Periode nur 5 Tage und die mittlere Dauer aller Perioden nur 2.7 Tage, und zwar im Sommer ein wenig mehr als im Winter. Perioden von mindestens 5 Tagen kommen in den eigentlichen Wintermonaten überhaupt nicht vor und sind auch im Sommer und Herbst selten; am häufigsten sind sie im Frühling. Die Erklärung hierfür geben die Aufzeichnungen der Windrichtung in dem nicht ferngelegenen Neufahrwasser; in dieser Gegend kommen im Durchschnitt der Jahre 1876—1895 auf die Winde aus

	N + NE + E + SE	S + SW + W + NW	Stillen
Januar	25 %	68 %	7 %
Februar	33	63	4
März	38	57	5
April	62	35	3
Mai	57	41	2
Juni	57	40	3
Juli	40	54	6
August	38	58	4
September	33	60	7
Oktober	31	65	4
November	22	73	5
Dezember	24	71	5

Gerade in den Frühlingsmonaten überwiegen die trockenen Winde aus dem nördlichen und östlichen Quadranten, sodaß also in dieser Zeit untere Wolken, die die oberen Wolken und die Sonnenringe verdecken würden, viel weniger gebildet werden. Da sonst die feuchteren Winde und damit die unteren Wolken vorherrschen, so ist anzunehmen, daß in den übrigen Monaten wohl auch noch sehr lange Perioden mit Sonnenringen vorkommen, die man indessen nur wegen der unteren Wolken nicht beobachten kann.

II. Täglicher Gang der Sonnenringe.

Zur Untersuchung des täglichen Ganges der Sonnenringe wurden alle Aufzeichnungen der Jahre 1899—1906 benutzt. War ein Sonnenring gerade zur vollen Stunde beobachtet, so wurde er dem dann beginnenden Stundenintervall zugerechnet, ein Ring um 11^a also zu 11—12^a. Bestand ein Sonnenring mehrere Stunden hindurch, so wurde er bei allen in Frage kommenden Stundenintervallen notiert; dadurch muß die Gesamtzahl naturgemäß wesentlich größer als in Tabelle 1 sein. Nebensonnen ohne ein Stück eines Sonnenringes wurden nicht berücksichtigt. So wurde Tabelle 7 erhalten.

Daß von den Ergebnissen aus nur acht Beobachtungsjahren noch kein regelmäßiger Gang zu erwarten ist, liegt auf der Hand. Außerdem aber gibt es noch einige Zahlen, die

Tabelle 7. Täglicher Gang der Sonnenringe (1899—1906).

Monat	5-6a	6-7a	7-8a	8-9a	9-10a	10-11a	11-12a	12-1p	1-2p	2-3p	3-4p	4-5p	5-6p	6-7p	7-8p
Januar	—	—	—	4	5	8	6	5	5	3	4	—	—	—	—
Februar	—	—	—	5	7	14	11	8	16	10	7	2	—	—	—
März	—	1	7	20	7	11	7	10	15	19	15	15	3	1	—
April	1	6	15	12	13	9	10	12	17	11	11	12	12	9	—
Mai	—	9	21	13	9	10	8	11	14	14	16	16	10	18	3
Juni	—	5	22	4	6	9	11	9	12	7	8	11	6	13	3
Juli	1	3	5	10	11	8	7	11	15	10	12	10	16	13	2
August	—	7	8	9	11	14	6	10	13	11	16	9	18	3	1
September	—	1	9	12	12	14	7	4	9	12	14	5	12	—	—
Oktober	—	—	4	21	13	7	12	7	20	15	14	7	—	—	—
November	—	—	—	4	5	6	7	8	20	5	5	—	—	—	—
Dezember	—	—	—	4	5	3	10	6	5	1	1	—	—	—	—
Jahr	2	32	91	118	104	113	102	101	161	118	123	87	77	57	9
April-September	2	31	80	60	62	64	49	57	80	65	77	63	74	56	9
Oktober-März	—	1	11	58	42	49	53	44	81	53	46	24	3	1	—

fraglich erscheinen, nämlich die hohen Werte für 8—9ᵘ im März und Oktober, sowie für 7—8ᵃ im April, Mai und Juni, die wohl darauf zurückzuführen sind, daß der Beobachter durch Beaufsichtigung von Chausseearbeiten in dieser Zeit besonders oft im Freien war. Man kann aber auch in Berücksichtigung der verhältnismäßig großen Häufigkeiten in den Abendstunden vor Sonnenuntergang annehmen, daß um die Zeit der Horizontnähe der Sonne die Sonnenringe infolge der dann verringerten Tageshelle leichter zu sehen waren. Ähnlich dürften die großen Zahlen für 1—2ᵖ darauf zurückzuführen sein, daß der Beobachter um 2ᵖ die Thermometer abzulesen, sowie Wind und Bewölkung zu notieren hatte und aus diesem Grunde ganz besonders eifrig Himmelschau hielt.

Sieht man von diesen persönlichen Einflüssen ab, so ergibt sich, daß von 7ᵃ—5ᵖ die Sonnenringe keine großen Schwankungen in ihrer Häufigkeit zeigen, doch scheinen von 8—9ᵃ und 3—4ᵖ geringe Maxima angedeutet zu sein. Das gleiche Verhalten lassen die Werte für das Sommerhalbjahr erkennen, während im Winterhalbjahr entsprechend der Zeit des hellen Tages die Stunden 8ᵃ—3ᵖ nahezu unveränderte Häufigkeiten zeigen. Da zur Vergleichung geeignete Wolkenbeobachtungen fehlen, muß man sich mit diesen Feststellungen begnügen.

Wählt man nur diejenigen Stunden aus, in denen die Sonne das ganze Jahr hindurch hätte scheinen können, von denen ferner eine große Zahl von Beobachtungen vorlag und die nicht so hohe oben bemängelte Zahlen enthalten, so kommen nur die Stunden von 9ᵃ—3ᵖ in Betracht, deren Häufigkeitswerte nachstehend (S. 15) zusammengefaßt sind.

Aus den Verhältniszahlen $\frac{\text{Nachmittag}}{\text{Vormittag}}$ ergibt sich, daß die meisten Sonnenringe nachmittags beobachtet wurden. Man kann aber dieses Resultat nicht darauf zurückführen, daß der Beobachter nachmittags mehr freie Zeit gehabt habe als vormittags, da sich in drei Monaten jenes Verhältnis umkehrt und auch im Juni sich der Eins nähert. Es muß also tatsächlich sein. Pernter geht in seinem Lehrbuch auf die Tagesperiode garnicht ein, da ihn für die Theorie nicht diese, sondern die Sonnenhöhe interessiert, die sich selbst von Monat zu Monat ändert und daher kein geeigneter Ausdruck für die Tagesperiode ist. Übrigens wies schon Messerschmitt[1]) an Zusammenstellungen der Beobachtungen von Halophänomenen in Prag (1839—

---
[1]) Meteorologische Zeitschrift 1901 S. 127.

Monat	Summe 9ᵃ—12ᵃ	Summe 12ᵃ—3ᵖ	Verhältnis
Januar	19	13	0.68
Februar	32	34	1.06
März	25	44	1.76
April	32	40	1.25
Mai	27	39	1.44
Juni	26	28	1.08
Juli	26	36	1.36
August	31	34	1.10
September	33	25	0.76
Oktober	32	42	1.31
November	18	33	1.83
Dezember	18	12	0.67
Jahr	319	380	1.19
Sommer	175	202	1.15
Winter	144	178	1.24

1845), Melbourne (1858—1862) und Tokio (1884—1889) nach, daß an all diesen Orten nachmittags mehr Halos beobachtet seien als vormittags. Diese Übereinstimmung kann mithin auch als Zeugnis für die Güte der Hoppendorfer Beobachtungen gelten. Messerschmitt hat nicht, wie hier zunächst geschehen, nur die Beobachtungen bestimmter Stunden, sondern des ganzen Vor- und Nachmittags zusammengefaßt; so ergibt sich:

	Vormittag	Nachmittag	Verhältnis
Prag	222	299	1.35
Melbourne	106	138	1.30
Tokio	168	187	1.11
Hoppendorf	562	733	1.31

Auch hierbei zeigt sich eine sehr bemerkenswerte Übereinstimmung, nur bei Tokio nicht. Von diesem Orte liegen jedoch nur Beobachtungen für vierstündige Zwischenzeiten vor, von denen eine von 10ᵃ—2ᵖ reicht und gerade die meisten Halos aufweist; Messerschmitt hat nun je die Hälfte davon dem Vormittage und Nachmittage zugeteilt, wodurch aber aller Wahrscheinlichkeit nach (man kann es aus den stündlichen Notierungen der andern drei Orte schließen) die Tagesperiode gestört worden ist. Anderseits zeigt auch Tokio im Januar, Dezember und September wie Hoppendorf ein Überwiegen der Sonnenringe am Vormittage, doch ist die Beobachtungsreihe für eine definitive Entscheidung zu kurz.

In der wertvollen Untersuchung „Die Halophänomene in Rußland" benutzt Leyst[1]) die Aufzeichnungen von 69 Stationen aus dem Zeitraum 1875—1900 und faßt teils alle Beobachtungen zusammen, teils unterscheidet er geographische Gruppen, von denen die „nordwestliche", welche die Ostseeprovinzen einschließlich St. Petersburg umfaßt, Hoppendorf am nächsten liegt. Zu Grunde liegen nur die Aufzeichnungen um die drei Beobachtungstermine 7ᵃ, 1ᵖ, 9ᵖ und je zusammengefaßt diejenigen der Zwischenzeiten: a = 7ᵃ—1ᵖ, p = 1ᵖ—9ᵖ, n = 9ᵖ—7ᵃ, so daß die Resultate nicht streng vergleichbar sind. Durch eine wie mir scheint nicht richtige Überlegung (a. a. O. S. 376) schließt er, daß das Maximum der Sonnenringhäufigkeit etwa um 11½ᵃ eintrete, und daß es vormittags mehr Sonnenringe als nachmittags gebe. Notiert sind an Sonnenringen:

---

[1]) Bulletin de la Société des Naturalistes de Moscou 1901 S. 293—428. Sehr fraglich sind mir freilich Sonnenringe noch um 9ᵖ selbst in so südlichen Gegenden wie an den Ufern des Schwarzen und Kaspischen Meeres (40—45° Breite).

	Insgesamt	NW-Gruppe
n	77	3
7^a	421	29
a	1532	51
1^p	1521	87
p	1113	31
9^p	35	8
$n + 7^a + a$	2030	83
$1^p + p + 9^p$	2669	126
Verhältnis	1.32	1.52

Hieraus folgt doch deutlich, daß nachmittags mehr Sonnenringe beobachtet wurden als vormittags, zumal wenn man berücksichtigt, daß unter „a" auch die Beobachtungen von 12^a— 1^p mitgezählt sind, die doch streng genommen, zum Nachmittage gehören. Das Verhältnis 1.32 für ganz Rußland paßt zu obigen Zahlen weit besser als dasjenige für die NW-Gruppe mit 1.52.

Die Feststellung, daß die Sonnenringe nachmittags häufiger sind als vormittags entspricht auch den Ergebnissen stündlicher Wolkenbeobachtungen. So fanden Helm Clayton[1]) und R. Süring[2]), daß die Cirren nachmittags öfter auftreten als vormittags; aus Claytons Zahlen folgt für die Häufigkeit in den Stunden 1—6^p zu der der Stunden 7—12^a ein Verhältnis von 1.27, also nahezu ebenso groß wie bei den Sonnenringen; es würde sicherlich noch besser passen, wenn nicht bloß diejenigen Tage benutzt worden wären, an denen außer Cirren keine andere Wolkenart am Himmel gewesen ist, sondern alle Tage, zumal wenn man berücksichtigt, daß Cumulus nachmittags ganz wesentlich häufiger ist als vormittags (Verhältnis 1.39 aus Claytons Angaben).

In den einzelnen Monaten stellen sich für Hoppendorf die Zahlen für die Häufigkeit der Sonnenringe für den ganzen Vor- und Nachmittag wie folgt:

Tabelle 8. Häufigkeit der Sonnenringe vor- und nachmittags.

Monat	Häufigkeit der Sonnenringe		Verhältnis Nachmittag/Vormittag	Summe	Tage mit Sonnenringen	Verhältnis Ringhäufigkeit/Ringtage
	Vormittag	Nachmittag				
Januar	23	17	0.74	40	30	1.33
Februar	37	43	1.16	80	67	1.19
März	53	78	1.47	131	85	1.54
April	66	84	1.27	150	94	1.60
Mai	**70**	**102**	1.46	**172**	**106**	1.62
Juni	57	69	1.21	126	82	1.54
Juli	45	89	1.98	134	92	1.46
August	55	81	1.47	136	85	1.60
September	55	56	1.02	111	74	1.50
Oktober	57	63	1.11	120	69	1.74
November	22	38	1.73	60	43	1.40
Dezember	22	13	0.59	35	30	1.17
Jahr	562	733	1.31	1295	857	1.51
Sommer	348	481	1.38	829	533	1.56
Winter	214	252	1.18	466	324	1.44

---

[1]) Discussion of the cloud observations. Annals of the Astronomical Observatory of Harvard College XXX Part IV. 354—355, 1896.

[2]) A. Sprung und R. Süring: Ergebnisse der Wolkenbeobachtungen in Potsdam. Berlin 1903, 60—61.

Nur in den beiden Wintermonaten Dezember und Januar gab es vormittags mehr Sonnenringe als nachmittags, im September war die Häufigkeit nahezu gleich und in den übrigen neun Monaten überwog weit der Nachmittag, besonders im Juli. Im allgemeinen aber zeigt sich ein recht unregelmäßiges Verhalten von Monat zu Monat, das nicht durch klimatische Besonderheiten der Gegend, sondern durch die jeweilige Witterung zu erklären sein wird.

In Rußland (Leyst a. a. O. S. 384 ff.) ergibt sich, wenn man wieder wie vorher die Beobachtungen zusammenfaßt, überhaupt in allen Monaten ein Überwiegen der Sonnenringe am Nachmittage gegenüber denen am Vormittage und zwar sowohl für das ganze russische Reich wie auch für die Ostpreußen benachbarte NW-Gruppe der Stationen. Da auf die einzelnen Monate zu wenig Beobachtungen fallen, gebe ich nur Jahreszeitenwerte für die NW-Gruppe:

	$n + 7^a + a$	$1^p + p + 9^p$	Verhältnis
Winter	12	18	1.50
Frühling	41	54	1.32
Sommer	22	37	1.68
Herbst	8	17	2.12
Jahr	83	126	1.52

Die Verhältniszahlen sind hier wesentlich größer als die für Hoppendorf, obwohl „a" 51 und „p" nur 31 Sonnenringe beobachtet wurden; ausschlaggebend ist die hohe Zahl für die Zeit um den Beobachtungstermin 1^p, die ja durch die Pflicht, dann die Ablesungen der Instrumente auszuführen, erklärlich ist. Würde auch zu den übrigen Stunden von „a" und „p" ebenso eifrig Himmelsschau gehalten, so würde die Tabelle vielleicht wesentlich anders aussehen. Am größten ist das Überwiegen des Nachmittags in den drei Herbstmonaten September, Oktober und November und fast so groß (1.8.—1.9) im Juli und August, aber auch wieder durch die zahlreichen 1^p-Notierungen.

Vergleicht man für die einzelnen Monate mit den Summen der Sonnenringe überhaupt die Summen der Sonnenringtage, die naturgemäß stets kleiner sein müssen, und bildet das Verhältnis beider Zahlen, wie es in der Tabelle 8 geschehen ist, so findet man das Verhältnis von Monat zu Monat ziemlich gleich; es besagt, daß durchschnittlich auf je 2 Halotage 3 Sonnenringe kommen. Nur im eigentlichen Winter, Dezember bis Februar, ist das Verhältnis kleiner, so daß dann die Gelegenheit zu Sonnenringbeobachtungen weit kleiner ist als im Sommer; das hängt offenbar mit dem niedrigen Stande der Sonne und der Bewölkung zusammen.

III. Sonnenringe und Wetter.

Schon in nahezu 6000 Jahre alten Tontäfelchen aus Babyloniens Urzeit heißt es: „Wenn ein Halo die Sonne umgibt, so wird Regen fallen," und später finden sich noch öfter solche Ansichten über eine prognostische Beziehung der Halos zu Niederschlägen, die aber, wie es scheint, nur aus früheren Schriften abgeschrieben sind und kaum auf Erfahrungstatsachen beruhen. Auch in der neueren Zeit hat man meines Wissens nirgends diese Beziehung am Beobachtungsmaterial geprüft, weil letzteres selbst wenigstens hinsichtlich der Halos fehlte. Die einzige mir hierüber bekannte Arbeit ist die von K. Fritsch, Die Lichtmeteore in der Atmosphäre als Vorzeichen von Niederschlägen (Sitzungsberichte der mathem.-naturw. Classe der kais. Akademie der Wissenschaften IX, S. 549 ff.); ich hatte die Absicht, eine analoge Untersuchung für Hoppendorf anzustellen, indessen sind die Aufzeichnungen über Niederschläge im Gegensatz zu den sorgfältigen Halonotierungen zu allgemein gehalten (nur a, p, n), als daß sie verwertet werden könnten.

Deshalb soll nur die Beziehung der Halos zum Luftdruck und dann zur Wetterlage im allgemeinen erörtert werden. Auf Temperatur und Feuchtigkeit, Wind und Bewölkung zur Zeit eines Sonnenringes an der meteorologischen Station in Hoppendorf selbst einzugehen, ist nicht angängig, da diese Elemente unten von denen in der Höhe vollständig verschieden sind und Beobachtungen darüber aus den oberen Luftschichten nicht vorliegen; die Aufzeichnungen des Aeronautischen Observatoriums zu Berlin und Lindenberg beginnen ja erst 1902 und außerdem ist die Entfernung von rund 350 km all zu groß, als daß sich gültige Beziehungen aufstellen ließen.

Für die Untersuchung der Wetterlagen und des Luftdrucks an Sonnenringtagen habe ich, falls an einem dieser Tage mehrere Halos zu sehen waren, stets nur einen und zwar den intensiveren ausgewählt und für seine Erscheinungszeit Wetterlage und Luftdruck aus den Wetterkarten der Deutschen Seewarte bestimmt. Der Luftdruck wurde auf ganze Millimeter für das Meeresniveau von Hoppendorf und auf 0^0 reduziert entnommen; in der Höhe dieses Ortes (210 m) würden die Barometerstände um rund 19 mm kleiner sein.

Hinsichtlich der allgemeinen Luftdruckverteilung wurden fünf Lagen von Hoppendorf unterschieden: 1. im Tiefdruckgebiet (T), 2. im Hochdruckgebiet (H), 3. mitten zwischen Tief- und Hochdruckgebiet (T/H), 4. zwischen Tief- und Hochdruckgebiet, aber mehr im Tiefdruckgebiet (TT/H), 5. ebenso, aber mehr im Hochdruckgebiet (T/HH). Naturgemäß sind die Festlegungen nach diesen, wie nach irgend welchen andern Gesichtspunkten stets subjektiv, aber anders wohl nicht durchführbar. Etwa den Barometerstand als Unterscheidungsgröße anzuwenden, ist überhaupt nicht angängig, wie die Tatsache beweist, daß in der später folgenden Tabelle Hoppendorf einmal bei einem Stande von 772 mm in einem Tiefdruckgebiet und andermal bei 752 mm im Hochdruckgebiet lag. Um aber allzugroße Zersplitterung der Beobachtungen auf die einzelnen Gruppen zu vermeiden, sind letztere in verschiedener Weise zusammengefaßt worden.

Entsprechendes geschah auch mit den Barometerständen, indem zuerst zwar die Häufigkeit der einzelnen von Millimeter zu Millimeter fortschreitenden Werte festgestellt wurde, dann aber, um eine bessere Übersicht zu ermöglichen, Gruppen von je 4 mm gebildet wurden. Es zeigte sich nämlich, daß in diesem Fall Besonderheiten noch nicht verwischt wurden, was aber bereits bei Gruppen von je 5 mm eingetreten wäre. Außerdem wurden die vierte und fünfte Wetterlage nicht gesondert behandelt, sondern die vierte (TT/H) der ersten (T) und die fünfte (T/HH) der zweiten (H) zugeordnet. So ergab sich nachstehende Tabelle 9.

Die Grenzwerte der Barometerstände, bei denen noch Sonnenringe beobachtet wurden, sind:

für T und TT/H	735 mm	und 772 mm	= 37 mm
„ T/H	748 „	„ 772 „	= 24 „
„ H und T/HH	752 „	„ 784 „	= 32 „

Tabelle 9. Häufigkeit der Barometerstände an Sonnenringtagen, gruppiert nach Wetterlagen.

Monat	T und $^{TT}/_H$ 700 +									T/H 700 +								H und $^T/_{HH}$ 700 +							
	33 36	37 40	41 44	45 48	49 52	53 56	57 60	61 64	65 68	69 72	73 76	41 44	45 48	49 52	53 56	57 60	61 64	65 68	69 72	73 76	45 48	49 52	53 56	57 60	61 64	65 68	69 72	73 76	77 80	81 84
Januar ..	—	—	2	1	**3**	2	—	1	—	—	—	—	—	—	1	**2**	1	1	—	—	—	—	—	1	—	—	2	**3**	3	—
Februar .	—	—	1	5	**6**	5	1	2	—	1	—	—	1	4	**6**	3	4	4	—	—	—	—	—	4	7	5	**9**	2	—	—
März ...	—	—	1	3	5	**11**	1	2	—	—	—	—	—	4	4	**10**	9	1	—	—	—	—	1	5	7	**9**	5	3	—	—
April ...	—	—	—	2	**15**	11	4	2	1	1	—	—	—	2	5	**7**	10	2	1	—	—	1	3	2	**9**	9	6	4	1	—
Mai	—	—	—	3	3	**15**	5	4	1	—	—	—	—	1	2	**12**	8	3	—	—	—	—	—	3	**13**	**18**	10	3	—	—
Juni ...	—	—	—	2	3	**12**	**10**	3	1	—	—	—	—	1	**13**	11	4	—	—	—	—	—	—	2	**10**	**13**	5	—	—	—
Juli	—	—	—	—	—	7	**12**	7	—	—	—	—	—	—	4	**17**	13	—	—	—	—	—	—	3	**16**	8	—	—	—	—
August ..	—	—	—	—	1	**11**	8	3	1	—	—	—	1	5	**11**	**14**	1	—	—	—	—	—	—	5	**16**	5	3	—	—	—
September	—	—	—	—	1	6	**7**	3	—	—	—	—	—	4	**7**	4	3	1	—	—	—	—	—	1	**19**	12	5	1	1	—
Oktober .	1	1	1	3	—	**10**	2	2	—	—	—	—	—	—	2	**5**	5	**8**	—	—	—	—	—	3	8	**12**	4	3	—	—
November	—	1	—	1	3	**5**	2	—	2	—	—	—	—	—	2	**3**	5	2	1	—	—	—	—	2	6	3	4	2	—	—
Dezember	—	—	1	2	**4**	2	2	—	—	—	—	—	—	—	2	—	**2**	1	1	—	—	—	—	—	3	2	**3**	1	2	2
Winter ..	—	—	4	8	**13**	9	3	3	—	1	—	—	1	6	**7**	7	6	6	—	—	—	—	1	5	10	9	**15**	6	5	2
Frühling .	—	—	1	8	23	**37**	10	8	2	1	—	—	—	7	11	**29**	27	6	1	—	—	1	4	10	29	**36**	21	10	1	—
Sommer .	—	—	—	2	4	**30**	30	13	2	—	—	—	1	10	**41**	38	5	—	—	—	—	—	—	10	**42**	26	8	—	—	—
Herbst ..	1	2	1	4	4	**21**	12	5	2	—	—	—	—	2	9	**17**	11	12	1	—	—	—	—	6	**33**	27	13	6	1	—
Jahr ...	1	2	6	22	44	**97**	55	29	6	2	—	—	1	16	37	**94**	82	29	2	—	—	1	5	31	**114**	98	57	22	7	2

Sie lagen also bei $^T/_H$ näher an einander als bei den andern Wetterlagen, was ja auch naturgemäß ist, da $^T/_H$ eine Zwischenlage zwischen den extremen Luftdruckwerten darstellt, also schon rein rechnerisch nicht deren Schwankungen aufweisen kann; immerhin lehren diese Werte, daß die Schwankung bei $^T/_H$ um rund ein Drittel kleiner ist als bei den andern Wetterlagen. Innerhalb der Monate war die Schwankung am größten im Oktober und November bei den Tiefdruckgebieten mit 29 mm, im April bei den Zwischenlagen mit 20 mm und im Dezember bei den Hochdruckgebieten mit 27 mm, am kleinsten im Juli bei den Tiefdruckgebieten mit nur 9 mm. Ferner läßt eine Betrachtung der maximalen Häufigkeiten in den einzelnen Monaten erkennen, daß bei den Tiefdruckgebieten dieses Maximum in der kalten Jahreshälfte bei tieferen, in der wärmeren bei höheren Barometerständen liegt, bei den Zwischenlagen um 760 mm schwankt und bei den Hochdruckgebieten im Sommer bei niedrigeren Barometerständen zu suchen ist als im Winter. Berechnet man für jeden Monat den mittleren Barometerstand, so erhält man:

	Jan.	Febr.	März	April	Mai	Juni	Juli	Aug.	Sept.	Okt.	Nov.	Dez.	Jahr
T + $^{TT}/_H$	**750**	53	53	54	55	56	**58**	57	**58**	52	54	51	754
$^T/_H$	**760**	**58**	**58**	60	60	61	60	60	61	**62**	60	**58**	760
H + $^T/_{HH}$	**772**	66	65	65	66	65	**63**	**63**	65	66	66	70	766

Obwohl es sich hier meist nicht um die Zentren, sondern nur um ihnen nahe gelegene Stellen der Tief- und Hochdruckgebiete handelt, findet man in diesen Zahlen die bekannte Tatsache ausgesprochen, daß die Tiefe der Depressionen und die Höhe der Antizyklonen am größten im Winter und am kleinsten im Sommer ist. Für die Zwischenlagen scheint durch das Maximum im Oktober und das Minimum im Februar angedeutet zu sein, daß sich auf sie der Einfluß der Tiefdruckgebiete mehr als der der Hochdruckgebiete geltend macht; es darf auch nicht übersehen werden, daß in der Beurteilung der Lage eines Ortes, ob er gerade zwischen einem Hoch- und einem Tiefdruckgebiet liegt, Subjektivität immer etwas mitwirkt. Aus diesem Grunde kann man den hier und im folgenden für die Zwischenlagen gefundenen Ergebnissen nicht das gleiche Gewicht wie den andern, nämlich den extremen Wetterlagen beilegen.

Inwiefern nun eine Beziehung zwischen den Luftdruckwerten unten und den zur Halobildung nötigen Cirruswolken besteht, läuft auf die Frage hinaus, ob der Einfluß der Tief- und Hochdruckgebiete sich bis in die Cirrusregion erstreckt. Diese Frage eingehend zu erörtern, würde zu weit führen, ist auch in Hanns Lehrbuch der Meteorologie und an vielen andern Orten nachzulesen, sodaß an dieser Stelle nur darauf verwiesen werden kann. Hier soll nur untersucht werden, ob sich ein engerer Zusammenhang zwischen den Sonnenringen in der Höhe und den Barometerständen unten auffinden läßt. Das scheint, wenigstens unmittelbar, nicht der Fall zu sein, denn die soeben festgestellten Resultate gleichen den ganz allgemein, ohne Rücksicht auf das Vorhandensein von Sonnenringen abgeleiteten Beziehungen der Barometerstände zu den Depressionen.

Weit eher sind, da die Tief- und Hochdruckgebiete bis in die Cirrusregion reichen können, neue Ergebnisse zu erwarten, wenn von jenen ausgegangen wird. So ergab sich folgende

Tabelle 10. Häufigkeit der Sonnenringtage nach Wetterlagen.

Monat	T	$^{TT}/_H$	$^T/_H$	$^T/_{HH}$	H	T + $^{TT}/_H$	$^T/_H$	H + $^T/_{HH}$	T(m)	$^T/_H$ (mM)	H(M)
Januar	7	2	8	2	11	9	8	13	8.3	9.4	12.3
Februar . . .	16	5	19	9	18	21	19	27	19.3	23.7	24.0
März	14	7	28	16	16	21	28	32	18.7	35.6	26.7
April	31	5	27	10	25	36	27	35	34.3	32.0	31.7
Mai	25	6	26	7	39	31	26	46	29.0	30.3	43.7
Juni	25	4	29	4	22	29	29	26	27.7	31.6	24.7
Juli	23	5	35	5	26	28	35	31	26.3	38.4	29.3
August	16	7	32	7	22	23	32	29	20.7	36.6	26.7
September . .	10	7	19	8	31	17	19	39	14.7	24.0	36.3
Oktober . . .	12	8	20	12	18	20	20	30	17.3	26.7	26.0
November . . .	14	1	13	5	12	15	13	17	14.7	15.0	15.3
Dezember . . .	10	0	6	7	8	10	6	15	10.0	8.3	12.7
Jahr	203	57	262	92	248	260	262	340	241.0	311.6	309.4

Daß bei den Nebenzwischenlagen $^{TT}/_H$ und $^T/_{HH}$ nur selten Sonnenringe beobachtet wurden, ist wohl hauptsächlich darauf zurückzuführen, daß die Unterscheidung dieser Lagen von der Hauptzwischenlage $^T/_H$ schwierig und subjektiv ist. Deshalb ist im zweiten, mittleren Teil der Tabelle 10 wie vorher die Lage $^{TT}/_H$ den Tiefdruckgebieten, die Lage $^T/_{HH}$ den Hochdruckgebieten zugerechnet worden. Danach folgt, daß Sonnenringe am meisten bei antizyklonalem Wetter beobachtet worden sind und zwar in fast 40 % aller Fälle; lag aber Hoppendorf im Tiefdruckgebiet oder zwischen tiefem und hohem Druck, so entfielen darauf nur je 30 %. Wenn man auch wegen des Fehlens der unteren, verdeckenden Wolken in den Hochdruckgebieten eine größere Zahl von Halotagen erwarten konnte, so ist doch hier meines Wissens zum ersten Male der Mehrbetrag (9—10 %) zahlenmäßig für einen Ort bestimmt. Da die Zwischengebiete zwischen Tief- und Hochdruck oft von den den Zyklonen vorausgehenden Cirren überdeckt sein werden, so ist es auch begreiflich, daß in ihnen noch eine erheblich große Zahl von Sonnenringbeobachtungen möglich war. Am auffälligsten ist aber, daß die Tiefdruckgebiete nicht noch weniger Halotage aufweisen, als es tatsächlich der Fall ist, zumal bei ihnen doch die unteren Wolken oft die oberen verdecken. Leider existiert nur eine Arbeit aus Europa, in der die Verteilung der Wolkenformen über Zyklonen und Antizyklonen eingehend untersucht ist, nämlich die bekannte von Hildebrandsson: Sur la distribution des éléments météorologiques autour des minima et des maxima barométriques (Nova Acta Reg. Soc. Sc. Upsal. Ser. III, 1883, S. 21—22). Er hat ringförmige Zonen um die Zentren der Minima und Maxima gelegt, in diesen die Häufigkeit von Cirrus und Cirrostratus ausgezählt und, wenn man die Werte für beide Wolkenformen addiert, erhalten:

	Minima Winter	Sommer	Summe
Zone B = unter 745 mm	184	252	436
Zone C = 745—755 »	159	206	365
Zone D = 755—760 »	182	329	511
	Maxima		
Zone E = 760—765 mm	182	372	554
Zone F = über 765 »	227	396	623
	Summe		
Minima	525	787	1312
Maxima	409	768	1177

Da Hildebrandsson nur fünf Jahrgänge der Wetterkarten benutzt, so können naturgemäß mancherlei Zufälligkeiten zu dem Resultat mitgewirkt haben, daß in Tiefdruckgebieten mehr Cirren beobachtet sind als in Hochdruckgebieten; immerhin rechtfertigen diese Zahlen es durchaus, daß in Hoppendorf auch bei zyklonaler Wetterlage noch so häufig Sonnenringe beobachtet worden sind.

Vergleicht man die einzelnen Monate untereinander, so findet man, wie die durch den Druck hervorgehobenen Häufigkeitsmaxima erkennen lassen, im allgemeinen, daß die Sonnenringtage verhältnismäßig im Winter mehr auf die Hochdrucklagen, im Sommer mehr auf die Tiefdruck- und Zwischenlagen fallen; jedoch zeigt sich dieser Gegensatz nur im eigentlichen Winter und Sommer, wie folgende Summierung lehrt:

	T + TT/H	T/H	H + T/HH
Winter	40	33	**55**
Frühling	88	81	**113**
Sommer	80	**96**	86
Herbst	52	52	**86**

während im Frühling und im Herbst die Hochdrucklagen ebenfalls einen Überschuß aufweisen.

Naturgemäß hat das Winterhalbjahr überhaupt weniger Sonnenringtage als das Sommerhalbjahr und zwar müssen, wenn in beiden Jahreshälften gleich sorgfältig beobachtet worden war, auf den Winter 38 % und auf den Sommer 62 % aller dieser Tage kommen, da die mittleren Tageslängen in beiden Jahreshälften mit 9.15 : 14.85 Stunden (vgl. S. 11) in diesem Verhältnis zu einander stehen. Insgesamt entfallen an Sonnenringtagen je nach der Wetterlage:

	T + TT/H	T/H	H + T/HH
auf den Winter	96 (99)	94 (100)	134 (129)
auf den Sommer	164 (161)	168 (162)	206 (211),

wobei in Klammern die nach vorstehendem Verhältnis berechneten Werte stehen. Diese weichen von den Beobachtungszahlen so wenig ab, daß man hierin, wie auch sonst bei anderen Gelegenheiten gezeigt ist, einen Beweis für die Sorgfalt Holzhueters im Beobachten sehen kann.

Es könnte nun noch jemand meinen, daß die bisher geübte Zusammenlegung der Hauptwetterlagen (T und H) mit den Zwischenlagen ($^{TT}/H$ und $^T/HH$) nicht streng richtig sei; deshalb habe ich in der Tabelle 8 rechts die Zusammenlegung so ausgeführt, daß von $^{TT}/H$ zwei Drittel zu T (T + $^2/_3$ $^{TT}/H = T_{(m)}$) und ein Drittel zu $^T/H$, desgleichen von $^T/HH$ ein Drittel zu $^T/H$ ($^1/_3$ $^{TT}/H$ + $^T/H + ^1/_3$ $^T/HH = ^T/H_{(mM)}$) und zwei Drittel zu H ($^2/_3$ $^T/HH + H = H_{(M)}$) addiert sind. Nach dieser Berechnung fällt das (fett gedruckte) Häufigkeitsmaximum der Sonnenringtage seltener als vorher auf die Hochdrucklage, im Hochsommer ganz auf die Zwischenlagen und nur im April auf Tiefdruckwetter. In den Jahressummen überwiegen die Zwischenlagen sogar ein wenig die bei Hochdruck. Merklichen Gewinn bringt dieses etwas mühsamere Verfahren nicht.

Während bisher nur gefragt wurde, ob Hoppendorf an einem Sonnenringtage in einem Hoch- oder Tiefdruckgebiet oder dazwischen lag, soll weiter untersucht werden, in welcher Richtung vom Beobachtungsort aus der Kern dieser Gebiete sich befand. Dabei werden in Tabelle **9** außer den 8 Hauptrichtungen noch die zentrale Lage sowie Furchen niedrigen und Sattel hohen Druckes unterschieden; in letzteren Fällen, wo Hoppendorf in ihnen lag, ist angegeben, in welcher Richtung sich Furchen und Sattel erstrecken. Dabei ist für die Zwischenlagen $^T/H$, um Übersichtlichkeit zu erreichen, die Gruppierung nur nach der Lage des Tiefdruckgebietes erfolgt.

Tabelle 9.
Lage der Kerne der Tief- und Hochdruckgebiete vom Beobachtungsorte aus.

	N	NE	E	SE	S	SW	W	NW	Zentral	Furche oder Sattel			
										N—S	NE—SW	E—W	SE—NW
				1. T + $^{TT}/H$									
Winter	4	5	1	5	2	2	9	**13**	—	—	2	—	1
Frühling. . . .	15	5	1	6	6	8	**21**	14	7	3	1	3	3
Sommer	12	6	**14**	6	6	6	9	11	4	2	—	3	1
Herbst	7	8	2	1	2	2	10	**17**	1	1	2	—	—
				2. $^T/H$									
Winter	6	4	2	—	1	2	**9**	**9**					
Frühling. . . .	12	4	7	6	8	6	**25**	12					
Sommer	**24**	23	9	8	2	3	12	9					
Herbst	**16**	6	2	1	2	6	12	9					
				3. H + $^T/HH$									
Winter	1	7	10	**11**	4	1	5	—	—	—	—	—	—
Frühling. . . .	9	**20**	12	16	10	19	15	8	7	—	—	1	1
Sommer	10	3	3	10	**15**	14	13	6	2	—	3	—	—
Herbst	12	6	**25**	14	19	10	5	3	1	—	—	—	—
				4a. Jahr									
T + $^{TT}/H$. . . .	38	24	18	18	16	17	49	**55**	12	6	5	6	5
$^T/H$	**58**	37	20	15	13	17	**58**	39					
H + $^T/HH$ . . .	32	36	50	**51**	48	44	38	17	10	—	3	1	1
				4b. Jahr (in Prozenten der Wetterlage)									
T + $^{TT}/H$. . . .	14	9	7	7	6	7	18	**20**	4	2	2	2	2
$^T/H$	**22**	14	8	6	5	7	**22**	15					
H + $^T/HH$ . . .	10	11	15	**16**	14	13	11	5	3	—	1	0.3	0.3

Die Tabelle und übersichtlicher die Figur lehrt, daß im Jahre Sonnenringe am häufigsten beobachtet werden, wenn Tiefdruckgebiete im Nordwestquadranten oder Hochdruckgebiete im Südostquadranten liegen. Wenn im Nordwesten niedriger Druck herrscht, so hat man ja im allgemeinen hohen im Südosten zu erwarten; wer indessen eine große Zahl von Wetterkarten darauf hin studiert, erkennt doch, daß dieser Satz in einer großen Zahl von Fällen nicht paßt und daß man ihn keineswegs eine Regel nennen darf, besonders nicht hinsichtlich des Kernes des Hochdruckgebietes. Denn bei Tiefdruck im Nordwesten liegt der Kern hohen Druckes sehr oft im Osten oder im Süden und selbst Südwesten, oder, was auch keineswegs selten, sondern recht häufig ist, es gibt zwei Kerne im Nordosten und Süden bis Südwesten. Wenn daher in der Tabelle bei T/H, wie gesagt, die Zuteilung der einzelnen Fälle an die acht Himmelsrichtungen lediglich nach der Lage des Tiefdruckgebietes geschah, so liegt allerdings darin eine gewisse Willkür; indessen wäre bei Berücksichtigung der verschiedenen Lagen der jeweils zugehörigen Hochdruckgebiete eine derartige Zersplitterung und Unübersichtlichkeit eingetreten, daß dadurch kaum ein einigermaßen sicheres Ergebnis erzielt worden wäre.

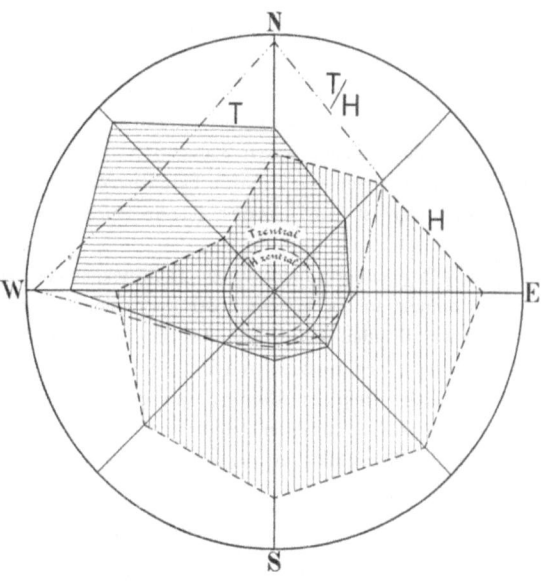

Fig. 2. Lage der Tief- und Hochdruckgebiete an Sonnenringtagen vom Beobachtungsorte aus.

Die hier gefundene Tatsache, daß Halos am häufigsten bei Tiefdruckgebieten im Nordwesten oder Hochdruckgebieten im Südosten auftreten, läßt sich auch so aussprechen, daß jene am häufigsten bei Süd- bis Südwestwind vorkommen. Es ist dann bei dem Vorübergang der Depression West- und Nordwestwind zu erwarten, also Abkühlung, und so erklärt sich die Meinung, daß Halos Vorboten von kälterer Witterung seien. Ebenso folgt aus dem Erscheinen von Halos gewöhnlich, daß eine Depression näher rückt; da damit gewöhnlich lebhaftes Auffrischen des Windes, nicht selten bis zu Sturmesstärke verbunden ist, so konnte sich an der Küste das Sprichwort bilden, daß Halos auf kommenden Sturm deuten. Wenn nun aber die meisten Sonnenringe an der Südostseite der Depression beobachtet werden, so entspricht das nicht ganz den Darstellungen über die Witterung in diesen, wie sie im Anschluß an Clement Ley ganz besonders durch Abercromby (Das Wetter, S. 19, Fig. 2) verbreitet sind. Danach sollen Halos im Nordostteil der Depression vorkommen. Allerdings gibt Abercromby auch dem Osten Cirrostratus, aber keine Halos. Besser trifft schon zu, was er über die Dauer der Halos sagt, daß sie „gewöhnlich nur etwa eine halbe Stunde sichtbar" sind. Auch für Hoppendorf gilt das in der Regel, doch waren auch recht zahlreiche Ausnahmen zu notieren, wonach den halben und nicht selten auch den ganzen Tag hindurch Halos beobachtet werden konnten. Freilich war das nicht andauernd der Halo einer bestimmten Wolke, da auch der Zug der langsamsten Wolke zumal in der Cirrenregion schneller ist als das scheinbare Fortschreiten der Sonne am Himmel.

Zentrale Lagen waren bei Tief- und Hochdruckgebieten fast gleich häufig, im ganzen aber recht selten (3—4 %), was ja auch zu erwarten ist, denn bei zentralem Tief herrscht der halofeindliche Nimbus, während bei zentralem Hoch der Himmel überhaupt wolkenfrei zu sein pflegt. Bei diesen Lagen waren Sonnenringe vorzugsweise im Frühling, fast nie im Herbst und Winter zu beobachten. Halos in Furchen tiefen Druckes sind auch selten, da hier viel trübes Wetter zu finden ist, noch seltener aber in Sätteln hohen Druckes, die oft klaren Himmel aufweisen.

Lag Hoppendorf innerhalb von Tiefdruckgebieten, so kamen Sonnenringe besonders häufig nur im Sommer an der Westseite der Depressionen, sonst aber an der Ost- bis Südseite vor. Letzteres war in allen Jahreszeiten bei der Lage zwischen Hoch- und Tiefdruck der Fall, wogegen bei den Hochdruckgebieten Hoppendorf im NW-Quadranten liegen mußte, um Sonnenringe zahlreich sehen zu können. Im erstgenannten Falle, wo die Halos an der Westseite der Tiefdruckgebiete auftraten, handelte es sich vornehmlich um von Süden heranziehende Depressionen der Zugstraße Vb, darunter gelegentlich um solche mit rückläufiger Bahn.

IV. Nebensonnen.

Außer den Sonnenringen wurden auch die Nebensonnen einer besonderen Bearbeitung unterzogen. Sie wurden teils mit, teils aber auch ohne Sonnenring beobachtet; letzteres ist in den Aufzeichnungen Holzhueters stets genau angegeben worden. In den Beobachtungen finden sich sowohl die rechte wie die linke, die obere wie die untere Nebensonne des Halos von 22^0; der Kürze halber wird hier Holzhueters Bezeichnungsweise statt oberer Berührungsbogen usw. beibehalten, zumal ein Zweifel nicht entstehen kann. Da es mir aber in mehreren Fällen fraglich schien, ob wirklich die untere Nebensonne beobachtet worden war — in einzelnen hatte ich sogar die Gewißheit, daß das nicht geschehen war — so berechnete ich zunächst für Hoppendorf die Höhe der Sonne über dem Horizont.

Am 21. Dezember ist am Mittag diese Höhe

$$h = 90^0 - (\varphi + \delta) = 90^0 - (54^1/_4{}^0 + 23^1/_2{}^0) = 12^1/_4{}^0.$$

Die untere Nebensonne ist also überhaupt nicht sichtbar; damit man sie sehen kann, muß die Sonne mindestens 23^0 über dem Horizont stehen.

Da die Äquatorhöhe in Hoppendorf $90 - 54^1/_4{}^0 = 35^3/_4{}^0$ beträgt und die Sonne bei 23^0 Höhe um $12^3/_4{}^0$ unter dem Äquator steht, ist diese Deklination negativ. Bei der Sonnenbahn wird $\delta = -12^3/_4{}^0$ am 28. Oktober und am 15. Februar; in der Zwischenzeit kann man demnach die untere Nebensonne nicht sehen. Auf eine Anfrage schrieb mir auch Holzhueter: „die von mir in den Wintermonaten eingesandten Notierungen über die unteren Nebensonnen sind

Teile der sogenannten Lichtsäule gewesen und irrtümlicherweise als Nebensonnen angesprochen". Ich habe daher alle derartigen Beobachtungen im November, Dezember, Januar und Februar fortgelassen.

Für die übrigen Monate berechnete ich folgende Sonnenhöhen:

Datum	Deklination der Sonne	Höhe der Sonne über dem Horizont	Datum	Deklination der Sonne	Höhe der Sonne über dem Horizont
1. März	$-7.9°$	27.8°	1. Juli	23.2	58.9
1. April	4.2	39.9	1. August	18.3	54.0
1. Mai	14.8	50.6	1. September	8.6	44.4
1. Juni	21.9	57.7	1. Oktober	-2.8	32.9

Die Beobachtungen ergaben nachstehende Tabelle:

Tabelle 12. Häufigkeit und jährlicher Gang der Nebensonnen.

Nebensonnen	Januar	Febr.	März	April	Mai	Juni	Juli	August	Septbr.	Oktbr.	Novbr.	Dezbr.	Jahr
a) einzeln													
rechte	1	4	2	3	2	2	—	—	1	1	2	1	19
linke	3	1	1	—	1	1	1	1	3	1	2	—	14
obere	—	2	15	10	16	5	3	10	7	9	2	2	81
untere	—	—	1	9	17	9	7	8	4	3	—	—	58
b) zwei gleichzeitig													
rechte und linke . .	1	6	3	4	1	—	1	—	—	4	1	—	21
rechte und untere . .	—	—	—	—	—	1	—	—	—	—	—	—	1
obere und linke . .	—	—	1	—	—	—	—	—	—	—	—	—	1
obere und untere . .	—	—	5	10	15	7	3	5	4	2	—	—	51
linke und untere . .	—	—	—	—	1	—	—	—	—	—	—	—	1
c) drei gleichzeitig													
rechte, obere, linke .	—	—	—	—	—	—	—	—	—	—	—	1	1
rechte, obere, untere .	—	—	—	1	—	—	—	—	—	—	—	—	1
rechte, untere, linke .	—	—	—	1	—	—	—	—	—	—	—	—	1
linke, obere, untere .	—	—	1	—	3	—	—	—	—	—	—	—	4
Summe a)	4	7	19	22	35	17	11	19	15	14	6	3	172
b)	1	6	9	14	17	7	5	5	4	6	1	—	75
c)	—	—	1	2	3	—	—	—	—	—	—	1	7
Summe	5	13	29	38	55	24	16	24	19	20	7	4	254

Auch hier zeigt sich wieder wie bei den Sonnenringen, daß diese optischen Erscheinungen nicht, wie man wohl erwarten konnte, vorzugsweise dem Winter, sondern dem Frühling eigentümlich sind, d. h. der Jahreszeit, in welcher, wie früher (S. 13) erörtert war, trockne östliche Winde vorwiegen, mithin untere Wolken wenig gebildet werden und die oberen halogünstigen sichtbar sind. Und zwar ist dieses Frühjahrsmaximum sowohl bei den einzeln, wie bei den zu zweien oder dreien auftretenden Nebensonnen vorhanden. Auf die Monate April und Mai zusammen entfallen bei den einzelnen Nebensonnen 33 %, bei den paarweisen 41 % und bei den dreifachen 71 %; wenn man nun auch den beiden letzten Zahlen nicht das gleiche Gewicht wie der ersten beilegen darf, da Nebensonnen einzeln viel häufiger vorkommen, so deuten sie immerhin doch an, daß diese Zeit weitaus am günstigsten für Nebensonnen und damit für Cirrostratus ist. Jedoch ist auch der Spätsommer und Frühherbst nicht ungünstig.

Faßt man je 4 Monate in geeigneter Weise zusammen, so erhält man:

Nebensonnen	März—Juni	Juli—Oktober	November—Februar
einzeln	93	59	20
zwei gleichzeitig	47	20	8
drei gleichzeitig	6	—	1
zusammen	146	79	29

Hier tritt das Überwiegen des Frühlings über den Sommer und Herbst und vor allem über den Winter klar hervor.

Als Gesamtzahl der Nebensonnen wurden 254 in der Tabelle 12 ermittelt, jedoch gilt das richtiger nur für Erscheinungen mit Nebensonnen, nicht für die absolute Zahl der Nebensonnen, da zu deren Berechnung die zweifachen Fälle mit 2, die dreifachen mit 3 multipliziert werden müssen; dann ergeben sich 343 Nebensonnen (Tabelle 13). Die Anzahl der Sonnenringe ist 1295 nach Tabelle 8, so daß 1 Nebensonne auf 3.8 Ringe kommt; das entsprechende Verhältnis ist bei Hellmann für Upsala $234:479 = 1:2.1$ und bei Ekama für Holland $536:1689 = 1:3.2$. Daraus kann man, wie weiter unten aus anderen Gründen gefolgert wurde, schließen, daß in Hoppendorf im Verhältnis zu den Sonnenringen wohl zu wenig auf Nebensonnen geachtet wurde. In den einzelnen Monaten kommt 1 Nebensonne auf

Januar	Februar	März	April	Mai	Juni	Juli	August	Septbr.	Oktbr.	Novbr.	Dezbr.
6.7	4.2	3.3	2.7	2.2	4.1	6.4	4.7	4.8	4.6	7.5	5.8

Sieht man von den Wintermonaten ab, für die zu wenig Fälle vorliegen, so folgt, daß 1 Nebensonne im Frühjahr auf 3 und im Sommer auf 4—6 Sonnenringe kommt.

Die einzelnen Nebensonnen verhalten sich zu den paarweisen und diese zu den dreifachen wie $23:10:1$; doch gilt dieses Verhältnis nur für die Jahressummen, während in den Monatssummen teils aus natürlichen Gründen, teils wegen der kurzen Beobachtungsreihe andere Verhältniszahlen auftreten.

Auffallend ist, daß die obere und untere Nebensonne weitaus häufiger waren als die rechte und linke, während alle anderen Häufigkeitszahlen, die wir darüber von Galle, Fritsch, Hellmann, Ekama usw. besitzen, das Überwiegen der rechten und linken, d. h. der eigentlichen Nebensonnen dartun. Wenn man nun auch unter Berücksichtigung der Beobachtungen von Arctowski[1]), der Nebensonnen am Horizont noch sah, obwohl die Sonne weniger als 15^0 Höhe hatte, annehmen kann, daß auch in Hoppendorf ein Teil der unteren Nebensonnen so zu erklären sei, so kann es sich in diesem Falle doch nur um vereinzelte seltene Erscheinungen gehandelt haben, die für die größere Häufigkeit von keiner Bedeutung sind. Die obere Nebensonne, die der Berührungsstelle des oberen Berührungsbogens entspricht, ist allerdings eine viel häufigere Erscheinung, aber auch ihre Häufigkeitszahl übertrifft weit die bisher dafür bekannten Zahlen.

Für manche Fälle wird man vielleicht nicht fehlgehen, wenn man sowohl bei der unteren wie bei der oberen Nebensonne annimmt, daß hier Verwechselungen mit Stücken von Lichtsäulen über und unter der Sonne vorliegen. Die meisten Fälle sind aber sicherlich richtig beobachtet worden. Die in Hinsicht auf die horizontalen Nebensonnen auffallend große Zahl der

---

[1]) Pernter-Exner, Meteorologische Optik, S. 271.

oberen und unteren Nebensonnen kann man, wie schon vorher vermutet wurde, auch so erklären, daß die horizontalen Nebensonnen zu wenig beachtet wurden, zumal sich das Verhältnis der horizontalen zu den vertikalen Nebensonnen auch dann noch nicht wesentlich ändert, wenn man außer den Beobachtungen einzelner Nebensonnen auch die zwei- und dreifachen in Rechnung stellt. Als Summe der horizontalen Nebensonnen ergeben sich nämlich 83, der vertikalen 256, also 1:3, während für die einzelnen Phänomene allein 1:4 folgt.

Tabelle 13. Häufigkeit der Nebensonnenarten.

Nebensonnen	Januar	Febr.	März	April	Mai	Juni	Juli	Aug.	Septbr.	Oktbr.	Novbr.	Dezbr.	Jahr
rechte	2	10	5	9	3	2	2	—	1	5	3	2	44
linke	4	7	6	5	5	1	2	1	3	5	3	1	43
obere	—	2	22	21	34	12	6	15	11	11	2	3	139
untere			7	21	36	16	11	13	8	5			117
Summe	6	19	40	56	78	31	21	29	23	26	8	6	343

In gleicher Weise berechnet ist einzeln oder mit anderen zusammen die obere Nebensonne 139, die untere 117, die rechte 44 und die linke 43 mal beobachtet worden, also die rechte und linke zusammen im ganzen Jahre noch nicht einmal so oft als die untere allein in nur 8 Monaten; hieraus ist wieder zu schließen, daß erstere zu wenig beachtet wurden und zwar besonders in den Sommermonaten, wie schon Tabelle 12 und noch besser folgende Zusammenstellung lehrt:

Nebensonnen	März—Juni	Juli—Oktober	November—Februar
rechte	19	8	17
linke	17	11	15
obere	89	43	7
untere	80	37	

Denn selbst in den Wintermonaten mit ihren kurzen hellen Tagen sind mehr horizontale Nebensonnen beobachtet als in den langen Sommertagen. Welche Gründe dafür vorlagen, ist jetzt nicht mehr festzustellen, zumal auch der Beobachter Hoppendorf verlassen hat. Immerhin wird der Schluß erlaubt sein, daß die Frühlingsmonate für Nebensonnen die günstigsten sind, wenn es auch zunächst fraglich ist, ob für das Entstehen der Nebensonnen überhaupt oder nur für ihre Beobachtung. Nach den früheren Erörterungen (S. 13) über den jährlichen Gang der Sonnenringe ist letzteres anzunehmen, da gerade im Frühjahr infolge des Vorherrschens trockner östlicher Winde untere, die Himmelsschau hindernde Wolken seltener sind.

Weitere Eigentümlichkeiten ergibt die Untersuchung des täglichen Ganges, und zwar zunächst für alle Nebensonnen, soweit genaue Zeitangaben vorliegen und ohne Rücksicht auf die Art der Nebensonne, d. h. ihrer Stellung zur Sonne. Obwohl hierfür 333 brauchbare Aufzeichnungen vorliegen, kommen doch auf viele Stunden zu wenig Beobachtungen, als daß sich die ausführliche Tabelle mitzuteilen lohnt. Es sind daher hier zweistündige Intervalle gewählt:

Tabelle 14. Täglicher Gang aller Nebensonnen für je 2 Stunden.

Monat	4—6a	6—8a	8—10a	10—12a	12—2p	2—4p	4—6p	6—8p
Januar	—	—	3	4	3	—	—	—
Februar	—	—	7	1	8	12	2	—
März	—	—	5	1	6	6	15	1
April	1	2	6	2	1	14	10	5
Mai	—	2	3	2	1	10	15	34
Juni	1	3	—	—	1	1	7	14
Juli	—	—	3	—	—	1	7	11
August	—	1	—	1	2	6	14	8
September . . .	—	—	1	2	4	8	8	2
Oktober	—	—	2	4	2	10	7	—
November . . .	—	2	1	2	3	8	—	—
Dezember . . .	—	—	—	1	2	1	—	—
Jahr	2	10	31	20	33	77	85	75
Sommer	2	6	13	7	9	40	61	74
Winter	—	4	18	13	24	37	24	1

Danach sind im Sommerhalbjahr mittags entschieden zu wenig Nebensonnen beobachtet worden, wofür einerseits wohl das Mittagessen, anderseits aber der dann besonders große Glanz der Sonnenstrahlung verantwortlich zu machen ist. Die geringe Häufigkeit in den Vormittagsstunden des Sommers ist z. T. wohl darauf zurückzuführen, daß dann der Beobachter durch Berufsarbeiten mehr als nachmittags in Anspruch genommen war. Überhaupt sind im ganzen Jahre nachmittags weit mehr Nebensonnen beobachtet worden als vormittags und zwar am meisten in den späteren Stunden vor dem Sonnenuntergang, so daß auch darin der Zusammenhang mit der Berufstätigkeit hervortritt. Es bestätigt sich hier, was Hellmann[1]) sagte: „Indessen können einem einzelnen Beobachter, sei er auch noch so aufmerksam, manche derartige Erscheinungen ganz entgehen, und nur auf Stationen, wo man stündliche Beobachtungen anstellt und daneben noch fleißig Himmelsschau hält, wird man ziemlich sicher sein können, nichts übersehen zu haben." Anderseits sind die Beobachtungen über die Sonnenringe auch im Sommer und mittags durchaus befriedigend, so daß zunächst nur angenommen werden kann, daß Holzhueter Nebensonnen bei hochstehender Sonne überhaupt weniger beachtet hat. Wir werden bald (S. 30) sehen, daß diese Annahme noch eine Einschränkung erfährt.

Um die Tabelle 14 noch übersichtlicher zu gestalten, sind nebenstehend (S. 29) ihre Zahlen zu je 4 Stunden zusammengefaßt worden.

Es ergibt sich hier im wesentlichen das gleiche Resultat wie vorher. Besonders aber läßt im August das Verhältnis der Nachmittagsnebensonnen zu denen des Vormittags klar hervortreten, daß in diesem Monat vormittags nicht oft genug nach Nebensonnen Himmelsschau gehalten worden ist. Durchschnittlich kommen auf eine Nebensonne am Vormittage reichlich vier am Nachmittage, im Sommer sogar 6, im Winter nur 3; wenn auch diese Zahlen nicht vollkommen zuverlässig sind, so sind sie doch als Maß der Größenordnung brauchbar, vor allem das Verhältnis für das ganze Jahr. Dividiert man mit der mittleren Länge des hellen Tages im Sommer- und Winterhalbjahr, nämlich mit 14.85 und 9.15 Stunden (S. 11), in die entsprechende Anzahl der Nebensonnen, reduziert man also auf gleiche Länge des hellen Tages, so erhält man im Sommer 14.4 und im Winter 13.0, woraus folgt, daß im Sommerhalbjahr relativ

---
[1]) Meteorologische Zeitschrift 1893, 415.

Tabelle 15. Täglicher Gang aller Nebensonnen für je 4 Stunden.

Monat	4—8ᵃ	8—12ᵃ	12—4ᵖ	4—8ᵖ	Vormittag	Nachmittag	Nachmittag/Vormittag	Summe
Januar	—	7	3	—	7	3	0.4	10
Februar	—	8	20	2	8	22	2.8	30
März	—	6	12	16	6	28	4.7	34
April	3	8	15	15	11	30	2.7	41
Mai	2	5	11	49	7	60	8.6	67
Juni	4	—	2	21	4	23	5.8	27
Juli	—	3	1	18	3	19	6.3	22
August	1	1	8	22	2	30	15.0	32
September	—	3	12	10	3	22	7.3	25
Oktober	—	6	12	7	6	19	3.2	25
November	2	3	11	—	5	11	2.2	16
Dezember	—	1	3	—	1	3	3.0	4
Jahr	12	51	110	160	63	270	4.3	333
Sommer	10	20	49	135	30	184	6.1	214
Winter	2	31	61	25	33	86	2.6	119

mehr Nebensonnen als im Winterhalbjahr beobachtet wurden. Darin liegt nur scheinbar ein Widerspruch mit früheren Ausführungen, denn vorher waren als Sommer nur die eigentlichen Sommermonate gerechnet, diesmal aber auch April und Mai mit ihren besonders großen Häufigkeitszahlen. Geht man auf die Vor- und Nachmittage zurück, so zeigt sich sofort, daß die Sommervormittage gegen die des Winters weit zurückstehen; die entsprechenden, wie oben abgeleiteten Zahlen sind nämlich 20.4 und 36.1. Das Überwiegen der Sommernachmittage tritt übrigens erst nach 4ᵖ ein.

Bisher waren alle Nebensonnen ohne Rücksicht auf ihre Stellung zur Sonne den Tabellen zugrunde gelegt worden. Soll aber nun die Stellung beachtet werden, so lohnt sich die Untersuchung des täglichen Ganges wegen der geringen Zahl der horizontalen Nebensonnen nur für die vertikalen, und auch bei diesen können, um eine Zersplitterung der Einzelfälle zu verhüten, nur vierstündige Zwischenzeiten verwendet werden. So ergibt sich:

Tabelle 16. Täglicher Gang der oberen und unteren Nebensonne.

Monat	Obere Nebensonne						Untere Nebensonne					
	4-8ᵃ	8—12ᵃ	12—4ᵖ	4-8ᵖ	Vorm.	Nachm.	4-8ᵃ	8—12ᵃ	12—4ᵖ	4-8ᵖ	Vorm.	Nachm.
Januar	—	1	—	—	1	—						
Februar	—	1	5	1	1	6						
März	—	1	7	13	1	20	—	1	2	5	1	7
April	3	2	10	6	5	16	3	1	5	10	4	15
Mai	2	1	8	23	3	31	1	2	6	29	3	35
Juni	3	—	1	10	3	11	2	—	2	10	2	12
Juli	—	—	1	4	—	5	—	1	1	11	1	12
August	1	1	4	8	2	12	—	—	5	9	—	14
September	—	1	7	3	1	10	—	—	5	3	—	8
Oktober	—	1	9	1	1	10	—	—	3	2	—	5
November	—	—	2	—	—	2						
Dezember	—	1	2	—	1	2						
Jahr	9	10	56	69	19	125	6	5	29	79	11	108
Sommer	9	5	31	54	14	85	6	4	24	72	10	96
Winter	—	5	25	15	5	40						

Was von den Nebensonnen im allgemeinen gilt, gilt von der oberen und unteren im besonderen. Auch sie sind nachmittags weit häufiger als vormittags beobachtet worden. Bei den oberen stellt sich das Verhältnis wie 1 : 6,6, bei den unteren wie 1 : 9.8, bei beiden ist es also größer, als bei allen Nebensonnen; folglich muß es für die horizontalen Nebensonnen etwas kleiner als 1 : 6 sein.

Dagegen findet man bei den oberen Nebensonnen, daß sie auch in den Sommermonaten mit Ausnahme des Juli genügend oft beobachtet worden sind. Für die unteren Nebensonnen kann man gleiches zwar nicht zahlenmäßig belegen, aber die Werte der Tabelle 16 lassen keinen Zweifel darüber, daß auch hier die gleichen Verhältnisse bestehen. Aus beiden Tatsachen muß man unter Berücksichtigung der Tabellen 14 und 15 schließen, daß Holzhueter nicht die Nebensonnen überhaupt im Sommer und vormittags zu wenig beachtet hat, sondern daß das lediglich für die horizontalen, eigentlichen Nebensonnen gilt. Warum er so verfuhr, wissen wir nicht, und es dürfte auch schwer sein, hierüber eine Vermutung aufzustellen, da mancherlei Gründe, die sich wohl anführen ließen, dadurch hinfällig werden, daß gerade die unteren Nebensonnen weit häufiger als die horizontalen beobachtet wurden.

V. Regenbogen.

In gleicher Weise wie die Sonnenringe und Nebensonnen wurden auch die Beobachtungen über Regenbogen untersucht. Im ganzen liegen 187 Aufzeichnungen vor, die sich wie folgt auf die einzelnen Stunden und Monate verteilen:

Tabelle 17. Täglicher und jährlicher Gang der Häufigkeit der Regenbogen.

Monat	4–6ª	6–8ª	8–10ª	10–12ª	12–2ᵖ	2–4ᵖ	4–6ᵖ	6–8ᵖ	8–10ᵖ	Summe
Januar	—	—	—	—	—	—	—	—	—	—
Februar	—	—	—	—	—	—	—	—	—	—
März	—	—	—	—	1	—	—	—	—	1
April	—	—	—	1	—	1	4	1	—	7
Mai	—	2	—	—	—	3	10	5	—	20
Juni	—	—	—	—	—	—	9	4	3	16
Juli	1	—	—	—	—	2	11	12	1	27
August	—	4	3	—	—	6	14	12	—	39
September	—	9	2	—	5	8	16	1	—	41
Oktober	—	5	6	1	4	13	4	—	—	33
November	—	—	—	—	—	—	—	—	—	—
Dezember	—	—	—	—	—	—	—	—	—	—
Jahr	1	20	11	2	10	33	68	35	4	184
März–Juni	—	2	—	1	1	4	23	10	3	44
Juli–Oktober	1	18	11	1	9	29	45	25	1	140

In den vier Wintermonaten November bis Februar sind Regenbogen überhaupt nicht beobachtet worden, wofür der Grund in der niedrigen Lufttemperatur dieser Monate zu suchen ist. Im Mittel derselben Jahre 1899—1906, die vorstehender Tabelle zugrunde liegen, ergibt sie sich für Hoppendorf zu:

November	Dezember	Januar	Februar
2.3⁰	— 2.1⁰	— 2.4⁰	— 2.0⁰
März	April	Mai	Juni
0.1⁰	3.7⁰	10.3⁰	13.9⁰
Juli	August	September	Oktober
16.2⁰	14.7⁰	11.6⁰	6.5⁰

Im Hochwinter, Dezember bis Februar, ist also Regenbogenbildung kaum möglich, und im November fällt bereits an der Hälfte aller Niederschlagstage Schnee, so daß auch dieser Monat als ungünstig bezeichnet werden muß; überdies herrscht in der Wolkenregion, in der die Niederschlagsbildung stattfindet, noch niedrigere Temperatur.

Sodann fällt es auf, daß in den sommerlichen Mittagstunden kein Regenbogen beobachtet worden ist; allerdings liegen drei Notizen über Regenbogen zu dieser Zeit vor, jedoch sind sie so fraglich, daß sie ohne Bedenken weggelassen wurden, zumal in einem Fall wohl nur eine Verwechslung mit einem kleinen Stück eines Berührungsbogens geschehen ist. Wenn man sich indessen die Bildungsbedingungen für Regenbogen (Fig. 3) vergegenwärtigt, so findet man nichts Auffallendes an jenem Fehlen mittäglicher Regenbogen. Der Radius des Hauptbogens beträgt rund 42^0, der des Nebenbogens rund 52^0. Der Mittelpunkt beider Bogen ist der Gegenpunkt der Sonne, den man erhält, wenn man die Linie Sonne-Beobachterauge SM in dieser Richtung bis zum scheinbaren Himmelsgewölbe S' verlängert. Steht die Sonne in der durch das Auge des Beobachters gehenden Horizontalebene, so erhebt sich der Hauptbogen in seinem Scheitel bis zu 42^0, der Nebenbogen bis zu 52^0 darüber; je höher die Sonne steigt, um so tiefer sinkt der Gegenpunkt unter den Horizont, und um so weniger ist vom Regenbogen zu sehen. Steht die

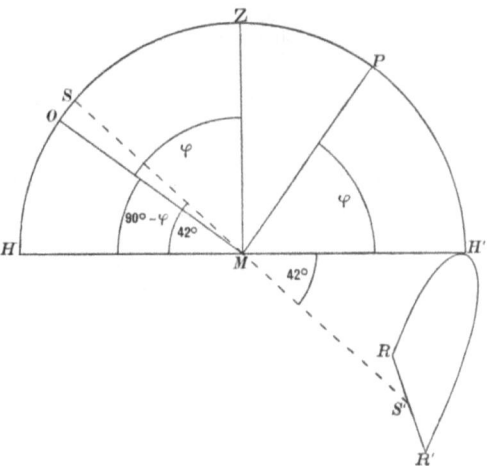

Fig. 3. Sichtbarkeitsgrenze des Regenbogens.

Sonne 42^0 über dem Horizont, so ist kein Hauptbogen, bei 52^0 kein Nebenbogen zu sehen. Um also festzustellen, wann beide Bogen nicht sichtbar sind, braucht man in der bekannten Formel

$$\sin h_{1,2} = \sin \varphi \sin \delta_{1,2} + \cos \varphi \cos \delta_{1,2} \cos t_{1,2}$$

nur $h_1 = \angle HMS = 42^0$ und $h_2 = 52^0$, $\varphi = 54^1/_4{}^0$ für Hoppendorf zu setzen; außerdem ist noch $\delta = \angle OMS$ bekannt, wenn OM die Äquatorebene darstellt. Aus der Figur ergibt sich nämlich

$$h_1 = 90^0 - \varphi + \delta_1,$$
also $\delta_1 = +6^1/_4{}^0,$
und $h_2 = 90^0 - \varphi + \delta_2,$
mithin $\delta_2 = +16^1/_4{}^0.$

Hieraus folgt, daß in der Zeit, wo die Deklination der Sonne $+6^1/_4{}^0$ ($+16^1/_4{}^0$) überschreitet und die Sonnenhöhe mindestens 42^0 beträgt, ein Regenbogen (Nebenregenbogen) nicht möglich ist. Aus dem astronomischen Jahrbuch findet man, daß die Sonnendeklination den Betrag von $+6^1/_4{}^0$ am 6. April und 6. September erreicht; in der Zwischenzeit ist ein Regenbogen also nur dann zu sehen, wenn die Sonnenhöhe kleiner als 42⁰ ist¹). Entsprechend gelten für den Nebenbogen die Daten 6. Mai und 7. August, sowie die maximale Sonnenhöhe 52⁰. Ich habe nun für den 1. und 16. jedes Monats der Ephemeride für 1902 die Sonnendeklinationen entnommen und sie in obige Formel eingesetzt, ebenso die Grenzwerte für h²). Es ergaben sich folgende Werte:

Tabelle 18. **Zeiten, in denen kein Haupt- und Nebenregenbogen sichtbar ist.**

Datum	Hauptregenbogen ist nicht sichtbar	Nebenregenbogen ist nicht sichtbar
16. April	$10^{24}a - 1^{36}p$	
1. Mai	$9^{37}a - 2^{23}p$	
16. Mai	$9^{7}a - 2^{53}p$	$10^{48}a - 1^{17}p$
1. Juni	$8^{48}a - 3^{13}p$	$10^{11}a - 1^{49}p$
16. Juni	$8^{41}a - 3^{19}p$	$10^{1}a - 1^{59}p$
1. Juli	$8^{43}a - 3^{17}p$	$10^{3}a - 1^{57}p$
16. Juli	$8^{53}a - 3^{7}p$	$10^{19}a - 1^{41}p$
1. August	$9^{15}a - 2^{45}p$	$11^{1}a - 12^{59}p$
16. August	$9^{49}a - 2^{11}p$	
1. September	$10^{52}a - 1^{8}p$	

Um eine bessere Übersicht zu erhalten und für andere Daten und Stunden die Möglichkeit der Sichtbarkeit bestimmen zu können, habe ich diese Werte und die obigen Grenzdaten

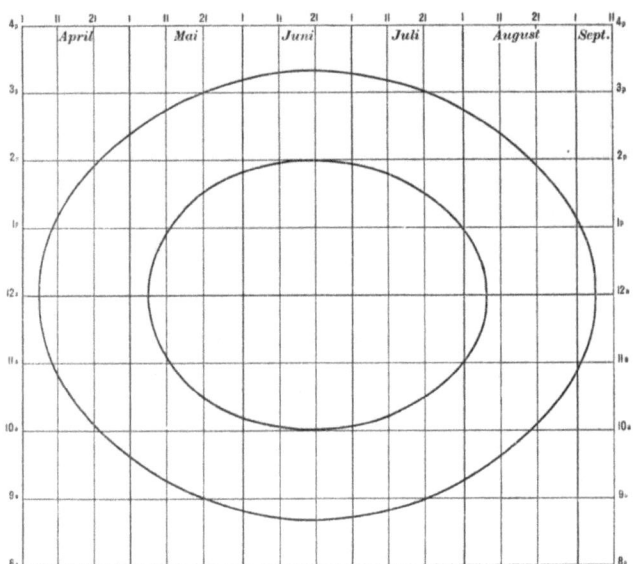

Fig. 4. Zeiten der Nichtsichtbarkeit des Haupt- und Nebenregenbogens.

---

¹) Für $\varphi = 50^0$ verfrühen und verspäten sich die Daten nur um je 10 Tage, so daß die Zeit der Nichtsichtbarkeit vom 25. März bis 15. September dauert. Die nachfolgende Betrachtung gilt somit genähert für ganz Norddeutschland.

²) Wie ich erst nach Beendigung dieser Rechnung sehe, hat H. Leyst (»Über den Regenbogen in Rußland«, Moskau 1901), allerdings nur für den Beobachtungstermin 1^p, ganz analoge Überlegungen angestellt.

graphisch aufgetragen und beistehende Figur 4 erhalten. Zu den Zeiten innerhalb der großen Ellipse ist kein Hauptregenbogen, zu denen innerhalb der kleineren kein Nebenregenbogen sichtbar.

Hieraus geht hervor, daß Haupt- und Nebenregenbogen im großen ganzen nicht sichtbar sind:

Monat	Hauptregenbogen	Nebenregenbogen
April	$11^a - 1^p$	
Mai	$9^1/_2^a - 2^1/_2^p$	$11^a - 1^p$
Juni	$8^3/_4^a - 3^1/_4^p$	$10^a - 2^p$
Juli	$9^a - 3^p$	$10^1/_2^a - 1^1/_2^p$
August	$10^a - 2^p$	

Von $11^a - 1^p$ kann man also von Mitte Mai bis Ende Juli weder den Hauptbogen noch den Nebenbogen sehen.

Hieraus erklärt sich das Fehlen der Regenbogennotierungen in den sommerlichen Mittagsstunden und die gewissermaßen um letztere konzentrische Anordnung der tatsächlichen Beobachtungen in Tabelle 17.

Ist es somit nicht auffallend, daß mittags Regenbogen nur außerhalb des Sommers vorkamen, so aber doch das Vorherrschen der Nachmittagsbeobachtungen und zwar in so hohem Betrage. Man könnte zunächst, wenn nur die Aufzeichnungen über den Regenbogen vorlägen, annehmen, daß der Beobachter nachmittags mehr freie Zeit als vormittags gehabt habe, aber dagegen spricht sofort die Tatsache, daß Holzhueter vormittags genügend Zeit zu Halobeobachtungen hatte, wie die früheren Erörterungen S. 14 ff. zeigen. Wenn auch nachmittags mehr Sonnenringe als vormittags gefunden wurden, so war doch das Verhältnis nur 1:1.3 bis 1.5; hier ist es aber wesentlich größer, nämlich:

Tabelle 19. Häufigkeit der Regenbogen am Vor- und Nachmittage.

Monat	Beobachtet		In Prozenten		Verhältnis Nachmittag Vormittag
	Vormittag	Nachmittag	Vormittag	Nachmittag	
Januar	—	—	—	—	—
Februar	—	—	—	—	—
März	—	1	—	100	∞
April	1	6	14	86	6
Mai	2	18	10	90	9
Juni	—	16	—	100	∞
Juli	1	26	4	96	26
August	7	32	18	82	5
September	11	30	27	73	3
Oktober	12	21	36	64	2
November	—	—			
Dezember	—	—			
Jahr	34	150	18	82	4
März—Juni	3	41	7	93	14
Juli—Oktober	31	109	22	78	3

Nur im Oktober und September nähert sich das Verhältnis etwas demjenigen bei den Sonnenringen, sonst aber ist es weit größer. Daß mit diesem auffallenden Verhältnis Hoppendorf nicht allein steht, lehrt die S. 32 erwähnte Untersuchung von Leyst über den Regenbogen in Rußland. Für die Nordwestgruppe der russischen Stationen, die im wesentlichen die russischen Ostseeprovinzen umfaßt, findet er für die Zeit vor und nach 1^p (statt 12^a)[1]) nämlich gleichfalls die Prozentzahlen 18:82 und ähnliche Werte für das übrige Rußland und Sibirien; im Binnenlande steigt sogar das Verhältnis noch auf 13:87 %. Das Maximum der Regenbogenhäufigkeit tritt im Jahresdurchschnitt und im Sommer bald nach 5^p ein; es verschiebt sich aber im Frühling und Herbst auf etwa 4^p und 3^p.

Daß der Regen nachmittags weit häufiger ist als vormittags, ist also eine Tatsache, auf die zuerst hingewiesen zu haben Leyst das Verdienst hat, wenn er auch eine Erklärung nicht gab; er fußte aber nur auf Beobachtungen mit genäherten Zeitangaben. Holzhueter notierte dagegen das Erscheinen eines Regenbogens auf 5 Minuten genau, so daß auf Grund seiner Beobachtungen in obiger Tabelle an dieser Tatsache auch für Norddeutschland nicht mehr zu zweifeln ist. Auch hier zeigt sich wie für Rußland, daß die Zeit um 7^a und vorher mehr Regenbogen aufweist, als der Rest des Vormittags. Von $6-9^a$ sind 31 Regenbogen gegen nicht mehr als 2 von $9-12^a$ beobachtet worden.

Eine Erklärung des gegensätzlichen Verhaltens von Vor- und Nachmittag gab Leyst, wie gesagt, nicht, scheint aber eine solche in den Schlußworten seiner Untersuchung in Aussicht gestellt zu haben; seitdem sind neun Jahre vergeblichen Wartens vergangen. Ich habe verschiedene Wege versucht, ohne aber zu einem völlig befriedigenden Ergebnis zu kommen. Vermutlich gilt auch hier die sich in der modernen Naturlehre immer mehr Bahn brechende Ansicht, daß nicht eine einzige Ursache, sondern ein Zusammenwirken mehrerer anzunehmen ist. Da der Regenbogen Regentropfen voraussetzt, liegt es nahe, die tägliche Periode des Regens zur Erklärung heranzuziehen. Registrierungen liegen für Hoppendorf nicht vor, wohl aber dreimal tägliche Messungen zu den Beobachtungsterminen 7^a, 2^p, 9^p. Im Mittel der 8 Jahre 1899—1906 ergibt sich, in Prozenten der 7^a-9^p gefallenen Niederschläge, für die allein in Betracht kommenden Monate April bis Oktober:

Zeit	April	Mai	Juni	Juli	August	September	Oktober	Juli—Oktober
7^a-2^p	32	37	46	**52**	**53**	49	45	50 %
$2-9^p$	68	63	54	48	47	**51**	**55**	50 %

Mit Ausnahme von Juli und August zeigt sich nachmittags stets eine größere Regenmenge als vormittags; bildet man aber, wie in der vorigen Tabelle das Mittel für die vier Monate Juli bis Oktober, so verschwindet dieser Überschuß wieder ganz. In der Regenmenge wird man also keine Erklärung für das Regenbogenmaximum am Nachmittage finden. Leyst hat letzteres für ganz Rußland und Sibirien gefunden; da dieses ungeheure Gebiet aber die verschiedensten Typen des täglichen Ganges der Niederschläge aufweist, so kann dort von vornherein keine Übereinstimmung dieses Ganges mit dem der Regenbogen erwartet werden.

Darauf zählte ich aus, wie oft an den Terminen 2^p und 9^p eine Regenmenge gemessen werden konnte, da Holzhueter leider bei den Niederschlägen genauere Angaben über Anfang und Ende nicht gemacht hat und somit die Abgrenzung der Niederschläge nach Vor- und Nach-

---

[1]) Da auf 12^a-1^p nur 3 Regenbogen, im September und Oktober, fallen, so kann man die Prozentzahlen von Leyst mit obigen ohne merklichen Fehler vergleichen. Auf $1-2^p$ kommen auch nur 5 Beobachtungen.

mittag nicht möglich war. Es ergab sich so für die Häufigkeit des Regens (gleichfalls in Prozenten der Häufigkeit von 7^a-9^p):

Zeit	April	Mai	Juni	Juli	August	September	Oktober
7^a-2^p	47	47	46	47	48	47	50 %
$2-9^p$	53	53	54	53	52	53	50 %

Danach ist also in allen Monaten Niederschlag nachmittags häufiger als vormittags, aber doch nicht in einem der Regenbogenhäufigkeit entsprechenden Grade. Immerhin kann man hierin schon eine Teilursache für letztere erblicken.

Berechnet man mit Hilfe der Werte für die Mengen und Häufigkeiten die mittlere Ergiebigkeit der einzelnen Messungen:

Zeit	April	Mai	Juni	Juli	August	September	Oktober
7^a-2^p	0.9	1.6	2.6	2.9	2.2	2.1	1.1
$2-9^p$	1.6	2.5	2.7	2.4	1.9	1.9	1.4

so findet man auch in diesen Zahlen keine Erklärung für das nachmittägliche Regenbogenmaximum.

Mangels Registrierungen von Niederschlägen in Hoppendorf habe ich die Messungen um 2^p und 9^p, die die Zeit 7^a-2^p und $2-9^p$ umfassen, nach Stufen ausgezählt. Ich ging dabei von folgender Überlegung aus: bei kleinen Regenmengen kann man im allgemeinen — natürlich nicht in jedem Einzelfall, sondern nur im Durchschnitt — wohl annehmen, daß auch die Regentropfen kleiner sein werden, als bei großen Mengen. Da überdies Regenbogen doch nur dann möglich sind, wenn keine zusammenhängende Wolkendecke, sondern Lücken vorhanden sind, durch welche die Sonne scheinen kann, so wird es sich in solchen Fällen nicht um feinertropfigen Nebel- oder Landregen, sondern um großtropfigen Regen des aufsteigenden Luftstromes handeln, der nachmittags weit häufiger ist als vormittags. Aus der Theorie des Regenbogens ergibt sich nun, daß, je kleiner die Tropfen sind, um so mehr weißliche Farben im Regenbogen vorherrschen; in diesem Fall wird er aber der Beobachtung leichter entgehen, als bei intensiveren Farben, d. h. bei großen Tropfen und damit bei großen Regenmengen. So könnte man, falls sich zeigt, daß vormittags kleinere Regenfälle häufiger als nachmittags sind, schließen, daß vormittags viele weißliche Regenbogen der Beobachtung entgangen sind, wenn auch nicht soviel, um das ganze Regenbogenmaximum am Nachmittage zu erklären. Die Auszählung ergab:

Tabelle 20. Häufigkeit der Stufenwerte der 2^p und 9^p gemessenen Regenmengen

Monat	2^p				9^p			
	0.1—0.2	0.3—1.0	1.1—5.0	>5.0 mm	0.1—0.2	0.3—1.0	1.1—5.0	>5.0 mm
April	38	19	16	2	32	21	36	9
Mai	32	14	18	7	14	18	33	10
Juni	21	11	19	10	22	19	24	13
Juli	23	14	19	12	22	17	23	9
August . . .	25	19	36	12	41	21	35	9
September . .	15	15	22	6	21	21	27	7
Oktober . . .	30	28	30	3	22	24	18	3
Summe	184	120	160	52	174	141	196	60
Prozente . . .	52	46	45	46	48	54	55	54

Vorher war gezeigt worden, daß in allen diesen Monaten der Regen nachmittags häufiger fällt als vormittags; hier aber sehen wir, daß das nicht für alle Stufen gilt. Gerade die kleinsten Mengen, auf die es nach Vorstehendem ankommt, sind vormittags etwas häufiger als nachmittags, und damit erhalten wir eine Bestätigung unserer Annahme, daß das nachmittägliche Regenbogenmaximum wenigstens zum Teil auf das Vorherrschen größerer Regenfälle und größerer Regentropfen zurückzuführen ist.

Da, wie gesagt, genaue Zeitangaben über die einzelnen Regenfälle und auch fortlaufende Registrierungen für Hoppendorf nicht vorliegen, so benutzte ich die Aufzeichnungen des registrierenden Regenmessers in dem nicht sehr weit entfernten Danzig. Leider sind nur die Aufzeichnungen der Jahre 1899—1903 und nur vom Juni bis Oktober brauchbar. Für diese Zeit ist in den „Ergebnissen der Niederschlags-Beobachtungen in Preußen" nicht nur die Regenhöhe, sondern auch die Zahl der Regenstunden angegeben, wobei unter Regenstunde jede Stunde (von Voll bis Voll gerechnet) verstanden wird, in der es regnet, gleichviel ob die ganze Stunde hindurch oder nur wenige Minuten. Es ist auf diese Weise ein gewisser Ersatz für die Häufigkeit der Regenfälle überhaupt erreicht, denn man kann annehmen, daß für einen mehrstündigen Regenfall, der also mehrere Regenstunden umfaßt und ebenso oft gezählt wird, andere wiederholte Regenfälle, die alle in derselben Regenstunde beginnen und enden, dafür insgesamt nur einmal gerechnet werden, mithin ein Ausgleich stattfindet. Für Vor- und Nachmittag, die einerseits durch Auf- und Untergang der Sonne und anderseits durch 12^a begrenzt werden, ergeben sich dann an Regenstunden:

Tabelle 21. Häufigkeit der Regenstunden in Danzig (1899—1903).

Zeit	Juni	Juli	August	Septbr.	Oktober	Summe
Vormittag	63	66	98	58	35	320
Nachmittag	89	104	125	135	94	547
in Prozenten						
Vormittag	41	39	44	30	27	37
Nachmittag	59	61	56	70	73	63

Diese Zahlen, besonders die Prozentzahlen, zeigen deutlich, daß man das Vorherrschen der Regenbogen am Nachmittage zu einem guten Teile darauf zurückführen kann, daß es in der Hoppendorfer Gegend nachmittags weit häufiger regnet als vormittags; diese Regenhäufigkeit am Vormittage zu der am Nachmittage verhält sich wie 2:3, während bei den Regenbogen 1:5 gefunden ward. Wenn man nun bedenkt, daß einem sichtbar werdenden Regenbogen durchaus nicht auch ein neuer Regenanfang entsprechen muß, sondern es dazu genügt, daß eine Wolkenlücke zeitweise der Sonne den Durchblick gestattet, so darf man nicht erwarten, daß die Regenhäufigkeit am Vor- und Nachmittage sich genau ebenso verhalte wie die des Regenbogens.

Ferner ist zu beachten, daß es immer willkürlich und ganz subjektiv ist, wenn ein Beobachter an einem Vor- oder Nachmittage einen oder mehrere Regenbogen notiert, denn er wird naturgemäß nicht immer Zeit haben, ununterbrochen nach Regenbogen auszuschauen, weshalb ihm an dem einen Tage solche entgehen, während er an einem andern Tage deren mehrere wahrnimmt und aufschreibt. Deshalb habe ich noch ausgezählt, an wieviel Vor- und Nachmittagen mindestens ein Regenbogen zu sehen war.

Tabelle 22. Anzahl der Vor- und Nachmittage mit mindestens 1 Regenbogen.

Monat	Wirkliche Anzahl der		In Prozenten	
	Vormittage	Nachmittage	Vormittage	Nachmittage
März	—	1	—	100
April	1	6	14	86
Mai	2	12	14	86
Juni.	—	16	—	100
Juli.	1	16	6	94
August.	6	18	25	75
September. . . .	9	19	32	68
Oktober	6	14	30	70
Jahr	25	102	20	80
März—Juni . . .	3	35	8	92
Juli—Oktober . .	22	67	25	75

Diese Werte, namentlich die Prozentzahlen, sind von denjenigen in Tabelle 19 auf S. 33 nicht wesentlich verschieden, woraus folgt, daß, wie schon die Durchsicht der Originalaufzeichnungen lehrt, seltener zwei oder mehrere Regenbogen an einem einzigen Vor- oder Nachmittage notiert wurden, sondern meist nur einer. Eine Besprechung dieser Zahlen erübrigt sich daher hier.

Es lassen sich also verschiedene Teilursachen nachweisen, die in ihrer Gesamtwirkung genügen, um das nachmittägliche Regenbogenmaximum zu erklären. Dieser Nachweis scheint mir ein lehrreiches Beispiel dafür zu sein, daß man Naturerscheinungen nicht immer nur durch eine einzige wirkende Ursache erklären kann, sondern auch einen Komplex mehrerer gleichzeitig tätiger als möglich voraussetzen soll; deshalb wurde er auch so ausführlich gegeben.

Es erübrigt noch, auf den Nebenregenbogen von rund 52^0 Radius kurz einzugehen. Über die Zeiten seiner möglichen Sichtbarkeit wurde schon weiter oben (S. 32) in diesem Abschnitt gesprochen.

Tabelle 23. Täglicher und jährlicher Gang der Häufigkeit der Nebenregenbogen.

	$4—6^a$	6—8	8—10	$10—12^a$	$12—2^p$	2—4	4—6	6—8	8—10	Summe
März	—	—	—	—	—	—	—	—	—	—
April	—	—	—	—	—	—	1	—	—	1
Mai	—	—	—	—	—	—	3	2	—	5
Juni	—	—	—	—	—	—	1	2	2	5
Juli.	1	—	—	—	—	—	1	1	—	3
August.	—	—	1	—	—	1	2	4	—	8
September . . .	—	3	—	—	—	2	4	—	—	9
Oktober	—	—	—	—	—	4	1	—	—	5
Jahr	1	3	1	—	—	7	13	9	2	36
März—Juni . . .	—	—	—	—	—	—	5	4	2	11
Juli—Oktober . .	1	3	1	—	—	7	8	5	—	25

Die Nebenbogen zeigen ein ganz ähnliches Verhalten, wie die Hauptbogen in Tabelle 17 (S. 30), da ja für ihre Erzeugung analoge Bedingungen bestehen. Auch hier überwiegen die Nachmittagsbeobachtungen:

Zeit	April	Mai	Juni	Juli	August	September	Oktober	Summe
$4—12^a$	—	—	—	1	1	3	—	5
$12^a—10^p$	1	5	5	2	7	6	5	31

Während aber bei den Hauptbogen das Verhältnis von Vor- zu Nachmittagshäufigkeit wie 1:4 war, ist es hier 1:6; berücksichtigt man indessen nur Monate, in denen vor- und nachmittags Nebenbogen beobachtet wurden, nämlich Juli, August und September, so ergibt sich das Verhältnis wie 5:15 oder wie 1:3, also fast dem der Hauptbogen gleich. Auch hier sind für die Erklärung des nachmittäglichen Maximums die gleichen Ursachen anzunehmen wie bei den Hauptbogen.

Auffällig ist noch, daß für die Zeit von 10^a—2^p, genauer von 9^a—2^p keine Beobachtung des Nebenbogens vorliegt. Jedoch ist zu beachten, daß erstens gemäß den früheren Darlegungen (S. 32) der Nebenbogen im Mai, Juni und Juli von 11^a—1^p, sowie im Juni und im ersten Julidrittel auch von 10—11^a und 1—2^p überhaupt nicht sichtbar ist, und daß zweitens der Nebenbogen meist sehr lichtschwach ist und in der hellen Mittagszeit leicht übersehen werden kann. Achtet man auf ihn, so ist er nach meinen Wahrnehmungen gar nicht so selten, während in Hoppendorf auf 184 Hauptbogen nur 36 Nebenbogen kommen.

VI. Besondere Erscheinungen.

Wie schon eingangs erwähnt wurde, hat Holzhueter nicht bloß das Vorkommen der einfachen optischen Erscheinungen, wie Sonnenringe, Nebensonnen und Regenbogen notiert, sondern auch komplizierte oder anormale Fälle geschildert und gezeichnet, die hier besprochen werden sollen. Über persönliche Eigentümlichkeiten in diesen Darstellungen durch Zeichnungen ward gleichfalls schon in der Einleitung gesprochen; im Folgenden ist aber die allgemein übliche und verständliche Darstellungsweise angewendet worden. Die einzelnen Fälle sind chronologisch aneinander gereiht. Soweit es nötig erscheint, werden die Worte Holzhueters selbst zitiert; man wird aus ihnen entnehmen, mit welch großem Verständnis dieser Chaussee-Aufseher die optischen Erscheinungen am Himmel aufgefaßt hat. Um allzu lange Erläuterungen zu vermeiden, wird gegebenenfalls auf eine der nachstehenden Schriften verwiesen:

Pernter-Exner, Meteorologische Optik. Wien und Leipzig 1910.

Bravais, Mémoire sur les halos et les phénomènes optiques qui les accompagnent. Journal de l'École Royale Polytechnique XVIII. Paris 1847.

1898 März 13. $6^{1/2\,a}$—$4^{1/2\,p}$ ein Sonnenring mit drei Nebensonnen, oben, rechts und links. »In der ersten Zeit war der Ring enger um die Sonne gezogen und dieser, sowie die Nebensonnen rechts und links hatten eine intensivere regenbogenartige Farbe, während die obere (Berührungsbogen) weißlich und blaß aussah. Später erweiterte sich der Kreis um die Sonne; Ring und Nebensonnen nahmen allmählich eine mehr und mehr verblassende Färbung an, bis endlich gegen $4^{1/2\,p}$ dieses Phänomen ganz verschwand. Fast während der ganzen Zeit liefen von der Sonne nach den Nebensonnen schmale blaßweiße Strahlen und gingen sogar noch eine Strecke darüber hinaus.«

Nach Pernter S. 231/232 ist das Größerwerden der Halos mit sinkender Sonne nur eine mit der scheinbaren Gestalt des Himmelsgewölbes in Zusammenhang stehende Täuschung. Der früher schon erwähnte Privatier Göbel in Niesky bemerkt zum Sonnenring vom 26. März 1899: »Ich täuschte mich wohl nicht, wenn ich am 26./3. fand, daß der Durchmesser des Sonnenrings über der eben erst aufgegangenen Sonne bedeutend größer war, als bei später auftretenden Erscheinungen dieser Art; ebenso wie die Sonne in den Dünsten des Morgens und Abends, in der Nähe des Horizontes, mindestens doppelt so groß erscheint als am Mittag. Die Strahlen nach den Nebensonnen gehören einem Lichtkreuz an, das durch Horizontalring und Lichtsäule entsteht (Pernter S. 260). Die Lichtsäule wurde auch in Bienkowko (Kr. Culm i. Westpr.) bei Sonnenuntergang gesehen.

1899 Mai 10. »Heute Morgen $6^{1}/_{2}{}^{a}$ war der Himmel ziemlich stark mit ci-str bedeckt. In dieser ci-str-Wolkenschicht zeigte sich um genannte Zeit ein sehr intensiver, in Regenbogenfarben glänzender Sonnenring; die Sonne selbst aber stand von diesem im Osten für sich allein. Um die Sonne — also außerhalb des Ringes — befanden sich drei, ebenfalls in Regenbogenfarben glänzende Nebensonnen oben, unten und rechts. Die der Sonne zugekehrte Rundung des Sonnenringes war am intensivsten, ebenso die rechte Nebensonne.«

Da der Beobachter über Abstand und Größe des Sonnenrings nichts sagt, kann eine Erklärung wohl kaum gegeben werden. Möglicherweise handelte es sich um die »seitlich unten berührenden Bögen des Halos von 46°« (Pernter S. 247/248) oder um den Halo von Bouguer (Pernter S. 393), in dessen Zentrum eine Nebengegensonne zu denken ist.

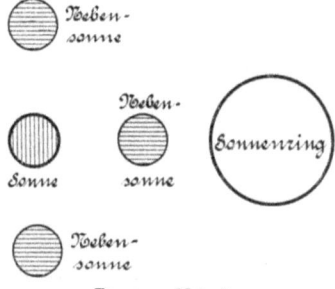

Fig. 5. 10. Mai 1899.

1899 Mai 31. »Gegen $9^{1}/_{4}{}^{a}$ war der Himmel mit einer ziemlich starken und dichten ci-str-Wolkenschicht bedeckt. Um genannte Zeit war um die Sonne ein sehr intensiver regenbogenfarbiger Sonnenring zu beobachten. Von der Sonne ging sodann ein zweiter und etwa viermal so großer grell hellfarbiger Sonnenring aus, und in diesem befanden sich 2 sehr starke regenbogenfarbige Nebensonnen rechts und links. Diese Erscheinung währte bis gegen $1^{1}/_{2}{}^{p}$.«

Es handelt sich offenbar um den Halo von 22° und um den Horizontalring, in dem an den Kreuzungsstellen mit dem Halo von 46° die Nebensonnen erschienen. Die gleiche Erscheinung wurde am selben Vormittage auch auf Sylt, Föhr und Helgoland, sowie in Osterholz bei Bremen, in Bremen selbst, in Jever und in Nieder-Marsberg i. W. sehr schön beobachtet. Aus andern Orten Norddeutschlands wurden nur einfache Sonnenringe gemeldet. Damals lag über Mittel- und Westeuropa ein Hochdruckgebiet mit dem Kern über Süddeutschland, während eine Depression über dem Bottnischen Meerbusen westliche Winde hervorrief.

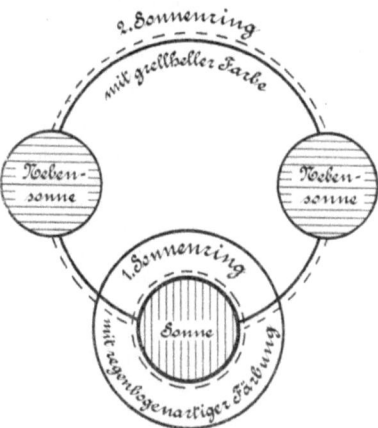

Fig. 6. 31. Mai 1899.

1899 Juni 3. »Heute Mittag waren ci, ci-str und ci-cu am Himmel in größerer Menge zu beobachten. Gegen $1^{20}{}^{p}$ bemerkte ich einen in Regenbogenfarben schillernden sehr intensiven Sonnenring um die Sonne, welcher von einem zweiten, ebenso intensiven, aber weit größeren Sonnenringe umgeben war und deren Peripherie rechts unten mit der des ersten, kleineren Sonnenringes sich vereinigte. Der Zwischenraum zwischen beiden Sonnenringen zeigte eine dunkelblaue Farbe. Rückwärts hatte sich ein dritter, wenn auch matter, aber um so größerer Sonnenring gebildet, der aber bald wieder verschwand, während die vorerwähnten beiden intensiven Ringe bedeutend länger zu beobachten waren. Bei beiden Sonnenringen war die Farbenstellung die gleiche, d. h. nicht wie z. B. bei zwei zugleich auftretenden Regenbogen die Farben in verkehrter Reihenfolge sich zeigen. Nebensonnen sind nicht bemerkt worden.«

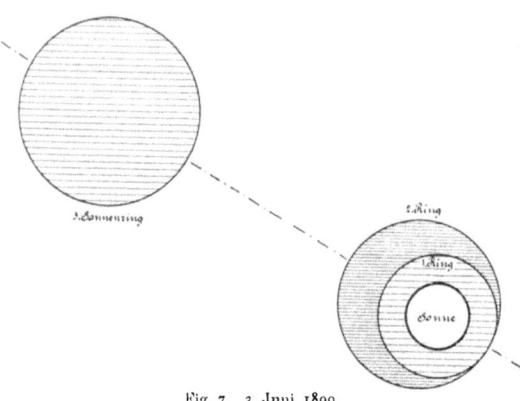

Die Erklärung dieser Erscheinung scheint mir schwierig zu sein. Am meisten dürfte man der Wahrheit nahe kommen, wenn man den zweiten anschließenden Ring als einen »umschriebenen Halo« erklärt, auf den bei einer Sonnenhöhe von rund 57^0 die Fig. 139 bei Pernter (S. 345) paßt; jedoch hat man sich zu denken, daß nur der rechte Teil des umschriebenen Halos sichtbar war. Dazu würde auch die gleiche Farbenfolge, die Holzhueter besonders hervorhebt, stimmen (Pernter S. 350). Der alleinstehende dritte Ring kann ein Circumzenithalring oder der sogenannte Halo von Bouguer (Pernter S. 393) oder endlich ein Analogon zu

Fig. 7. 3. Juni 1899.

den seitlichen Arctowskischen Bogen (Pernter S. 397) gewesen sein.

1899 Juni 9. »Sehr intensiver und doppelter Sonnenring ohne Nebensonnen — mit Regenbogenfarben — oben rechts und links in den Sonnenring einlaufend; 1^{25}p.«

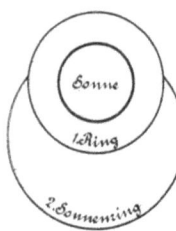

Der äußere Ring entspricht wohl dem »umschriebenen Halo« nach Pernter (S. 345 Fig. 139, da Sonnenhöhe $= 57^0$): dabei ist anzunehmen, daß der Beobachter den unteren Teil davon nicht deutlich gesehen und irrtümlich zum Kreise statt zu einer ellipsenähnlichen Kurve ergänzt hat. Ein Analogon, aber nicht vollständig ausgebildet, beschreibt Ekama in dem soeben erschienenen »Rapport sur l'Expédition Polaire Néerlandaise 1882/83 par Snellen et Ekama (Utrecht 1910)« auf S. 111: »Le 4 juin nous vîmes encore un halo solaire faible, qui commançait à la partie supérieure du halo de 22 degrés et finissait à la parhélie (d. h. am Nebensonnenring)«. In der dort beigegebenen Figur ist der Haloradius 22^0 10' und der Abstand des Schnittpunktes des umschriebenen

Fig. 8. 9. Juni 1899.

Bogens mit dem Nebensonnenring 37^0 10' bei einer Sonnenhöhe von 40^0 40'.

1900 Januar 12. »Gegen $6^3/_4^h$ stand der Mond dem Anschein nach klar und silberhell am südlichen Sternhimmel, nur im SE waren leichte ci-str-Wölkchen sichtbar. Er war von einem stark intensiven und in Regenbogenfarben gehaltenen Hof umgeben. Um diesen Hof herum war mit ganz geringem Abstande ein feiner, silberheller, aber sehr stark intensiver Ring (I). Um ihn war wiederum ein zweiter sehr intensiver Ring (II) sichtbar, der oben seine größte Intensität scharf hervorhob. In einem sehr großen Abstand von dem II. Ring zeigte sich schließlich ein dritter, mäßig intensiver Ring (III), der rechts seine größte Helle darbot, unten aber um etwa $^1/_3$ seines Radius näher an den Mond resp. an den zweiten Ring herantrat und dementsprechend oben sich von ihm entfernte. Den Abstand rechts unten vom zweiten zum dritten Ringe nahmen die Sterne vom Sternbild des sogenannten Jakobstabes in ihrer Länge ein. Es ist noch hervorzuheben, daß aus dieser Richtung (SE) die vorgenannten ci-str-Wolken herankamen, sich verbreiteten, verdichteten und schließlich das Phänomen ganz verschleierten. Nebenmonde waren nicht vorhanden. Gegen $7^1/_4$ Uhr war nichts mehr wahrzunehmen. Die Bewölkung nach dem Verschwinden dieser Erscheinung war 3: außerdem herrschte Windstille; das Thermometer zeigte -14.5^0.

Am 13. Januar war $5^1/_4^p$ wieder ein solches Phänomen sichtbar, jedoch mit dem Unterschiede, daß sowohl der Mondhof, wie der II. und III. Ring äußerst matt erschienen und auch ein matter Nebenmond rechts sichtbar ist. Der Ring I vom Abend zuvor fehlte jetzt.«

Die gesamte Erscheinung entspricht den Lichtkränzen, deren Beschreibung und Theorie Pernter S. 405 ff. gegeben hat; für die Theorie kommt der Abschnitt S. 449 »Kränze, welche in Eiswolken entstehen« in Betracht, da die Temperatur (schon an der Erdoberfläche) weit unter dem Gefrierpunkt lag. Daß die Kränze an verschiedenen Stellen verschieden hell sind, ist im Hinblick auf die ungleiche Beschaffenheit der Atmosphäre ohne weiteres verständlich; auch die Farben bedürfen keiner Erklärung, nur hinsichtlich des Hofes insofern einer Einschränkung, als alle »Regenbogenfarben« zugleich im Hofe kaum vorkommen, offenbar sollte damit nur gesagt sein, daß eine Farbenfolge ähnlicher Art zu beobachten war. Pernter (S. 407) meint in bezug auf solche Angaben: »Es ist nicht ausgeschlossen, daß Autosuggestion mitwirkte und man die Farben zu sehen glaubte, die man meinte sehen zu müssen.« Legt man dann das Größenverhältnis der Ringe und des Hofes in der Zeichnung zugrunde und berücksichtigt die Angabe über den Abstand des zweiten und dritten Ringes, nämlich daß dieser gleich dem der Länge des Jakobstabes, den Gürtelsternen

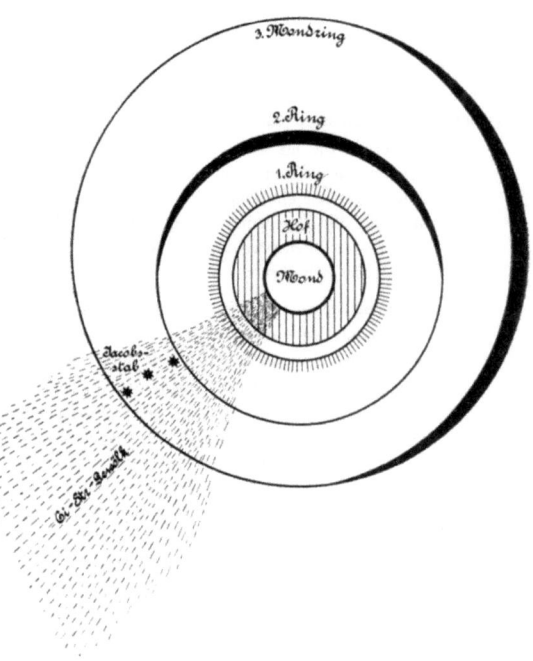

Fig. 9. 12. Januar 1900.

des Orions, sei, also 3—4°, so ergibt sich für den Radius des dritten Ringes eine Länge von 8—9°, d. h. ein Wert, der auch den Beobachtungen auf dem Ben Nevis (Pernter S. 467) durchaus entspricht. Schwieriger zu deuten ist aber die exzentrische Stellung des dritten Ringes. Sie ist wohl nur Täuschung, da die Helligkeit des zweiten und dritten Ringes nicht an benachbarten, sondern an um 90° von einander entfernten Stellen ihr Maximum erreichte, und da der dritte Ring ohnehin mäßig intensiv war, vielleicht stückweise ganz fehlte und vom Beobachter exzentrisch ergänzt wurde (Pernter S. 231 und S. 38).

1900 Februar 9. »Sehr intensiver Sonnenring um 10^a (vgl. nebenstehende Figur) bei gleichzeitigem sehr starkem Eisnadelfall, wie bis jetzt noch niemals von mir beobachtet wurde. Die Luft war grau von diesem Eisnadelfall wie bei einem leichten Nebel, und das Glitzern von Myriaden dieser unendlich feinen und leichten Körperchen gewährte einen prächtig-komischen Anblick. Dieser Vorfall dauerte etwa $^1/_4$ Stunde. Windrichtung und -stärke WSW 4, Temperatur —5.4°; nachts war leichter Rauhreif gewesen.«

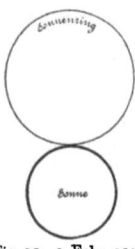

Fig. 10. 9. Febr. 1900.

Offenbar handelt es sich hier um ein Gegenstück zu dem von Pernter selbst auf dem Sonnblick beobachteten und S. 270 beschriebenen Sonnenring, der aber unterhalb der Sonne stand; sein Mittelpunkt war die untere Nebensonne des Ringes von 23° um die Sonne. Pernter sagt: »Ich entsinne mich wohl, daß ich das Wogen des Lichtes in der Eisnadelwolke deutlich bemerkte.« Gerade so schreibt Holzhueter von dem prächtigen Glitzern der Eisnadeln. Im obigen Falle liegt der Nebensonnenring nicht unter, sondern unmittelbar über der Sonne. Vielleicht war auch die ihn verursachende Nebensonne sichtbar, wurde aber bei dem allgemeinen Glitzern nicht erkannt. Eine gleiche Erscheinung beobachtete Holzhueter am 13. Februar 11^{55}a.

1900 März 8. »Äußerst schwacher Sonnenring mit 2 sehr intensiven Nebensonnen links unten und rechts oben 1^{40}p. Von der Sonne aus ging ein grellweißer Streifen zu den beiden vorgenannten Nebensonnen und auch noch darüber hinaus.«

Gerade die lezten Worte »noch darüber hinaus«, lassen wohl keinen Zweifel, daß hier einer der sehr seltenen »schiefen Bogen« (Pernter S. 269 und 388) beobachtet wurde. Dieser schiefe Bogen ist ein Teil eines großen Ringes, der in der östlichen Himmelshälfte durch die Sonne und die Gegensonne geht, dabei den Halo von 22° rechts oben und links unten (der schiefe Bogen in der westlichen Hälfte aber links oben und rechts unten) schneidet und hier Nebensonnen hervorruft.

1900 Mai 15. »Intensiver Sonnenring 6^{50}a mit zwei intensiven Nebensonnen oben und unten und einem halben intensiven Sonnenring rechts anschließend an ersteren; alsdann in größerer Entfernung vom Sonnenring im W einen intensiven noch größeren.«

Äußere seitliche Berührungskreise des Halos von 22° sind in der meteorologisch-optischen Literatur nur vereinzelt bekannt; am meisten entspricht obiger Beobachtung die bei Bravais (S. 119 und Fig. 128) zitierte von Saint-Amans vom 6. Februar 1778. Bravais nimmt an, daß in diesem Fall der Hauptring nicht der Halo von 22°, sondern der von 46° gewesen sei, wodurch sich der berührende Ring leicht erklären läßt. Pernter (S. 333) bleibt dagegen bei dem Halo von 22° und vermag den berührenden Ring als solchen auch zu deuten. Dabei ist zu beachten, daß letzterer nie ganz vollständig vorhanden war, und auch bei Holzhueter dürfte es nur eine nicht völlig zutreffende Bezeichnung gewesen sein, wenn er von einem »halben« Ring spricht, während es vermutlich etwas weniger als ein Halbkreis war. Dann kann man die Perntersche Deutung wohl annehmen, wonach es sich hier um eine seitlich berührende Kurve (Pernter S. 328, Fig. 125) handelt, deren Gestalt dem Querschnitt eines fliegenden Vogels ähnelt; der mit dieser Form der Kurve unbekannte Beobachter hat sich

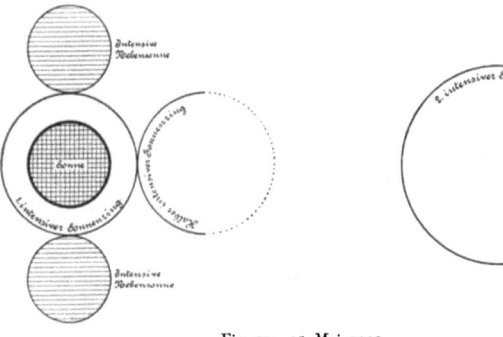

Fig. 11. 15. Mai 1900.

getäuscht und einen Kreisbogen angenommen, wo tatsächlich eine kompliziertere Kurve zu sehen war. Der ganz rechts alleinstehende Sonnenring ist, da er im W stehen und größer sein soll, vermutlich der Halo von Bouguer (Pernter S. 393) von 33° oder 38° Radius. Diese Deutung ist als zutreffend anzunehmen, wenn es sicher ist, daß der Halo »im W« gestanden hat; da aber Holzhueter bei diesen Beobachtungen mit W gewöhnlich nur rechts bezeichnen will, so könnte es sich um einen der von Pernter die Arctowskischen Bogen genannten Ringe handeln, für die er (Pernter S. 397) noch keine Erklärung zu geben vermochte.

1900 August 2. »Intensiver Sonnenring mit einem größeren matten Sonnenring unten und rechts unten von der Sonne. Der ganze Himmel ist sehr stark mit ci-str bedeckt, Wind SSW 5—6, Temperatur im Schatten 22.4°.«

Eine Deutung hierfür habe ich nicht gefunden.

1901 Februar 10. »Eine intensive Nebensonne rechts oben ohne bemerkbaren Sonnenring 4^5p. Diese Nebensonne verwandelte sich etwa 10 Minuten später in eine sog. Lichtsäule.«

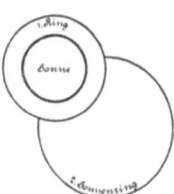

Fig. 12. 2. August 1900.

Die Sonne ging an diesem Tage um 4^{55}p unter, sodaß um 4^5p ein Sonnenring nicht mehr ganz zu sehen gewesen wäre. Eine Nebensonne rechts oben ist wohl nur als Schnittpunkt des Sonnenringes mit dem schiefen Bogen (vgl. oben 11. März 1900) und dem sekundären Halo von Nebensonnen (Pernter S. 377, Anm. 2) zu erklären. Dann kann man sich die Verwandlung der Nebensonne als das Hellerwerden des gerade hier stehenden Stückes des schiefen Bogens vorstellen. Mit den von Leyst in seiner früher erwähnten Arbeit über »die Halophänomene« in Rußland S. 308—309 angeführten »Säulen neben der Sonne«, deren Definition fraglich ist, hat obige Erscheinung sicherlich nichts zu tun.

1901 Juni 20. »Matter Sonnenring mit einer matten Nebensonne links oben, von der lange hellweiße Strahlen nach rückwärts zu von ESE bis SSE 4^{50}p ausgingen. Mir deshalb auffallend, weil doch die Sonne rechts und seitwärts von der Nebensonne stand.«

Vermutlich war der sonst vom Beobachter fast nie gemeldete Horizontalring sichtbar, oder es ist dieselbe Erklärung wie beim 10. Februar 1901 zu geben (Pernter S. 377, Anm. 2).

1903 Juli 12. »Mondhof und intensiver Mondring 11ᵖ «.

Daß Hof und Ring gleichzeitig auftreten können, hat schon Pernter (S. 423) als durchaus möglich dargestellt; es wird auch dadurch glaubhaft, daß bei gewissen Kondensationsstadien Eisteilchen und Wassertröpfchen nebeneinander vorkommen können, von denen erstere den Ring, letztere den Hof erzeugen. Am 11. Mai 1911 ($10^{1/2}$ᵖ) beobachtete ich zu Berlin in Cirrostratus gleichzeitig Hof und Ring um den Mond; mittels des von mir konstruierten Taschenwinkelmessers (Meteorologische Zeitschrift 1911, S. 67—69) maß ich den Radius des Hofes im Mittel zu $2^0 55'$, des Ringes zu $22^0 4'$.

1904 Februar 27. »Sonnenhof so stark intensiv, daß ein zweiter Hof sehr deutlich zu erkennen ist — etwa 23^0 — und von mir bis jetzt noch nicht bemerkt wurde.«

Sieht man von der Gradangabe ab, da Holzhueter, wie aus anderen Mitteilungen hervorgeht, in dieser Schätzung unsicher war, und betrachtet man sie nur als Anhalt für die Größenordnung, so kann man die Erscheinung offenbar als Kranz erklären. Bezieht man aber die Gradangabe auf den Durchmesser, so kann auch ein Halo von dieser Größe möglich gewesen sein (Pernter S. 381).

1904 April 29. »Matter Sonnenring mit zwei stark intensiven Nebensonnen rechts unten und einer ebensolchen rechts $1^{1/2}$ᵖ. Von den drei Nebensonnen gehen hellglänzende lange Strahlen im Kreise aus, und diese Nebensonnen befinden sich im Sonnenring selber. Der Himmel ist zum 14. Teil mit ci-str bedeckt; überhaupt ist er momentan nur mit cirrösem Gewölk bedeckt, das sich fächerartig hauptsächlich über dem südlichen und westlichen Himmel ausbreitet.«

Die Deutung dieser Erscheinung läßt sich nach der kurzen Beschreibung kaum geben. Nach der Figur war außer der rechten und unteren Nebensonne noch eine zwischen ihnen vorhanden, die man vielleicht auf die Kreuzungsstelle des Halos von 22^0 mit dem schiefen Bogen der Gegensonne (Pernter S. 388) zurückführen kann. Da hierzu Plättchenform der

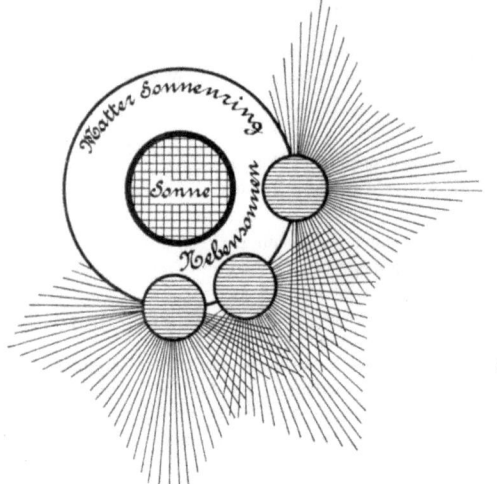

Fig. 13. 29. April 1904.

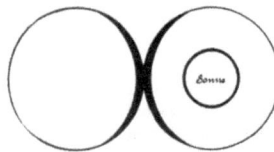

Fig. 14. 23. August 1904.

Schneekristalle nötig ist und diese sich vorzugsweise bei sehr niedriger Temperatur, die nach Angabe der Lindenberger Drachenaufstiege damals schon in verhältnismäßig geringer Höhe vorhanden war, bilden, so erscheint diese Erklärung als möglich, obwohl anderseits gerade diese Nebensonnen der Theorie nach sehr schwach sind. Die von allen drei Nebensonnen ausgehenden Strahlen waren vielleicht Teile von Ringen (zumal die Strahlen »im Kreise« ausgingen) und Kreuzen.

1904 August 23. »Intensiver Sonnenring mit einem zweiten intensiven Sonnenring links anschließend $4^{3}/_{4}$ p.«

Hier gilt die gleiche Erklärung wie zum 15. Mai 1900. Es ist wohl kaum anzunehmen, daß der seitliche Berührungsring voll ausgebildet, sondern wahrscheinlich nur der in der Zeichnung stärker angelegte Teil war.

1904 August 26. »Gegen $7^{1}/_{2}$ p bemerkte ich, wie sich oberhalb der Sonne ein bergkuppenförmiges Phänomen zu bilden begann; erst matt, wurde es von Minute zu Minute deutlicher sichtbar, bis es nach etwa 10 Minuten sehr stark intensiv wurde und einem intensiven Regenbogen ähnlich sah. Der Himmel war außer einem stärkeren ci-cu-Gewölk oberhalb der Sonne nur mit leichten ci-str bedeckt. Zwischen der Sonne resp. der Wolkenschicht und der höchsten Spitze des Phänomens war dunkelblauer Himmel, innerhalb des Phänomens hellgrauer sichtbar. Zwei Stunden vor dieser Erscheinung war ein Ferngewitter vorübergezogen; Regen nur 0.2 mm. Der nächste, d. h. oberste Teil der Kuppe war am intensivsten. Um 7^{35}p zogen stärkere Wolken darüber hin, wobei das Phänomen allmählich verschwand. Anfänglich glaubte ich, daß ein Sonnenring sich bilden würde, doch wurde ich bald meinen Irrtum gewahr. Nachdem die stärkeren Wolken vorübergezogen waren, konnte man an der Stelle des intensiven Phänomens eine hellgraue Zeichnung in der genau vorhergehenden Form erkennen. Eine ähnliche Erscheinung ist von mir bis jetzt noch nicht beobachtet worden. Wind NW 4.«

In diesem Bericht sind einige Unrichtigkeiten, die eine Deutung erschweren. Zunächst die Zeitangaben: am 26. August ging die Sonne um 7^{3}p unter, konnte also nicht um $7^{1}/_{4}$ p noch über dem Horizonte stehen. Der Mond kam auch nicht in Frage, da er erst 7^{10}p aufging und Holzhueter in dem den Bericht begleitenden Brief schreibt: »ein Phänomen, welches ich heute Nachmittag beobachtete.« Es liegt jedenfalls ein Schreibfehler vor, und zwar soll es wohl statt $7^{1}/_{4}$ p entweder $4^{1}/_{4}$ p oder $1^{1}/_{4}$ p heißen; welche der beiden Lesarten man annehmen will, ist dann gleichgiltig. Wenn ferner das Phänomen »oberhalb der Sonne« war, so war es konvex nach der Sonne zu, d. h. nach unten; dann wird aber auch von der »höchsten Spitze« und dem »obersten« Teil der Kuppe gesprochen, während es nach Vorstehendem der unterste Teil sein müßte. Wahrscheinlich ist »oberste« nur relativ zur ganzen Kurve gemeint, worauf die

Worte »der nächste Teil«, nämlich der der
Sonne nächste Teil, hinweisen. Wir müssen
also annehmen, daß die Sonne unterhalb
des farbigen Kurvenstückes stand. Dann
ist die Deutung leicht. Es handelte sich
nämlich um den oberen Berührungsbogen
des Halos von 22°, der selbst nicht sichtbar
zu sein braucht (Pernter S. 242/244 und
336/345); Holzhueter nahm selbst zuerst an,
daß »ein Sonnenring sich bilden würde«.
Daß nach dem Vorüberziehen des stärkeren
Gewölkes das Phänomen nochmals hellgrau
sichtbar war, ist so zu erklären, daß es
hinter dem Gewölk, allerdings von ihm ver-
deckt, noch da war, aber schon verblaßte
und deshalb nach dem Abziehen des Gewölkes nur noch schwach zu sehen war.

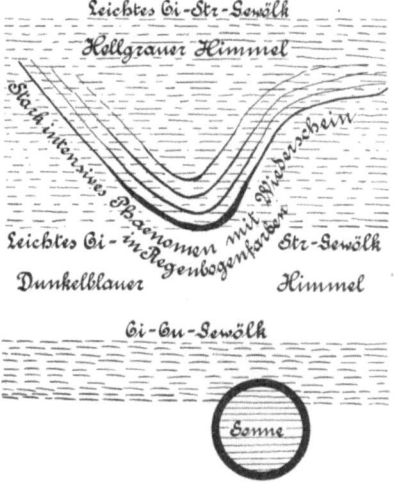

Fig. 15. 26. August 1904.

1905 August 11. »Intensiver Mondring mit einem zweiten
halben, intensiven Mondring rechts oben $9^{1}/_{2}^{p}$.

Da der Mond um 5^{6p} auf- und um 1^{30}a
unterging, stand er $9^{1}/_{2}^{p}$ wenig westlich von
der Südrichtung. Der halbe Ring kann
(mangels genauerer Angaben) das Stück eines
schiefen Gegensonnenringes gewesen sein, da er allein den Halo
von 22° in der gezeichneten schrägen Richtung schneidet. Nimmt
man aber an, daß Holzhueter mit »Mondring in NW« — was hier
gemäß den Erörterungen in der Einleitung als »Mondring rechts
oben« wiedergegeben wurde — tatsächlich, wie es vereinzelt sich
nachweisen läßt, gemeint hat, daß dieses Ringstück rechts oberhalb des Beobachters selber gestanden habe, so kann man auch
an einen Circumzenithalring denken (Pernter S. 247 u. 382).

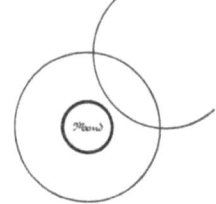

Fig. 16. 11. August 1905.

MIX
Papier aus verantwortungsvollen Quellen
Paper from responsible sources
FSC® C105338

If you have any concerns about our products,
you can contact us on
ProductSafety@springernature.com

In case Publisher is established outside the EU,
the EU authorized representative is:
**Springer Nature Customer Service Center GmbH
Europaplatz 3, 69115 Heidelberg, Germany**

Printed by Libri Plureos GmbH
in Hamburg, Germany